高等职业教育水利类"十三五"系列教材

高等职业教育水利类新形态一体化教材

水利水电工程导论

主　编　潘永胆　汤能见　杨　艳

副主编　张　杨　李毓军　李　培

易进蓉　王　坤　陈一华

主　审　王黎平　黄世涛

中国水利水电出版社

www.waterpub.com.cn

·北京·

在本教材的编写过程中，我们参考了一些文献，谨此对文献的作者表示感谢。

由于编者水平所限，书中难免存在不足之处，敬请读者批评指正。

编者

2020年4月

目录

前言

项目 1　绪论 …… 1

任务 1.1　水资源概况 …… 1

任务 1.2　水利工程基本概念 …… 4

任务 1.3　水利工程建设成就与发展 …… 6

任务 1.4　水利工程的分等分级 …… 8

任务 1.5　水利工程建设程序 …… 10

思考题 …… 12

项目 2　拦河坝 …… 13

任务 2.1　重力坝 …… 13

任务 2.2　拱坝 …… 16

任务 2.3　土石坝 …… 23

任务 2.4　面板堆石坝 …… 32

思考题 …… 35

项目 3　泄水建筑物 …… 36

任务 3.1　溢流坝及坝身泄水孔 …… 36

任务 3.2　河岸溢洪道 …… 42

思考题 …… 47

项目 4　灌区建筑物 …… 48

任务 4.1　灌区系统 …… 48

任务 4.2　水闸 …… 49

任务 4.3　渡槽 …… 58

任务 4.4　倒虹吸管 …… 61

任务 4.5　涵洞 …… 64

思考题 …… 68

项目 5　过坝建筑物 …… 69

任务 5.1　通航建筑物 …… 69

任务 5.2　过木建筑物 …… 71

任务 5.3　过鱼建筑物 …… 71

项目 6　水电站 …… 73
任务 6.1　水力发电 …… 73
任务 6.2　水电站的基本类型 …… 75
任务 6.3　水电站厂房 …… 78
任务 6.4　水轮机 …… 81
任务 6.5　发电机 …… 87
项目 7　治河防洪工程 …… 90
任务 7.1　河流演变 …… 90
任务 7.2　治河工程 …… 103
任务 7.3　防洪工程 …… 122
思考题 …… 128
附录　水利水电工程管理条例 …… 129
参考文献 …… 135

项目1 绪　　论

任务1.1 水 资 源 概 况

1.1 ℗
水资源

模块1.1.1 水资源的特点

存在于大自然中的水是一种重要的资源。它是生命的源泉和生态环境系统中最活跃和影响最广泛的因素，也是工农业生产必需的物质，不可须臾或缺；它是发展航运交通以及水产事业必要的介质；它在自然循环过程中是一种可利用的和可再生的重要能源；它也是改善环境和发展旅游事业的必要条件。各国都把水当作一种宝贵的资源去开发、研究、利用和保护。

1.2 ▶
河流是怎么形成的

水资源是指自然界水循环过程中，大气降水落到地面后形成径流，流入江河、湖泊、沼泽和水库中的地表水以及渗入地下的地下水。水资源在国民经济建设的各行各业中占有重要地位，没有水各项建设事业就没有发展前景。水既是生活资料，又是生产资料，工业生产、农业生产和生活供水都要消耗大量的水。因为水是推动人类进步和社会发展不可替代的资源，所以水资源的合理利用和科学管理，对人类生存和社会的发展至关重要。水作为一种自然资源，主要表现在水量、水质和水能三个方面。由于自然界的水能够循环，并逐年得到补充和恢复，因此水资源不同于土地、矿藏等自然资源，是大自然给予人类的宝贵财富，是一种不仅可以再生而且可以重复利用的资源。

地球上水的体积大约有13.86亿km^3。海洋占了13.2亿km^3（约97.2%）；冰川和冰盖占了0.25亿km^3（约1.8%）；地下水占了0.13亿km^3（约0.9%）；湖泊、内陆海和河流中的淡水占了25万km^3（约0.02%）；大气中的水蒸气在任何已知的时候都占了1.3万km^3（约0.001%）。也就是说，真正可以被利用的水源不到0.1%。按50亿人口计，平均每人9000m^3。在陆地有限的水体中，大部分分布于两极冰川与雪盖、高山冰川和永久冻土中，真正便于人类利用的水只是其中一小部分，这部分水相对就很少了，主要分布在湖泊、河流、土壤中以及600m深度以内的含水层，由此可见，地球上的淡水资源数量极为有限，需要人类珍惜，任何无节制的开发、利用都可能造成对人类生存环境的破坏。

世界各国和地区由于地理环境不同，拥有水资源的数量差别很大。按水资源量大小排列，前几名依次是巴西、俄罗斯、加拿大、中国、美国、印度尼西亚、印度。

我国大的河流约有1598条，流域面积超过1000km^2，年径流总量约2.78万亿m^3，水资源的总量位居世界第四。但由于我国幅员辽阔，自然条件相差悬殊，降水、径流在时间和地域上的分布相对更不均衡。秦岭、淮河以南年降水量一般在800mm以上，属于湿润和湿润地区，其中台湾东北部最大年降水量达6569mm，是我国降水量最多的地区。秦岭、淮河以北年降水量一般小于800mm，属于干旱和半干旱地区，其中新疆南部塔里木盆地和青海西部柴达木盆地年降水量不足25mm，是我国降水量最少的地区。降水总趋势是由东南沿海向西北内陆递减。南方水多地少，北方地多水少。例如，长江及其以南地区，耕地面积占全国的38%，而河川径流量占全国的83%；黄、淮、海、辽四河流域内耕地面积占全国的42%，但河川径流量只占全国的8%，水资源总量只占全国的9%。所以，按人口平均占有量计算，我国的水资源并不丰富，仅约相当于全球平均数的1/4，在世界排第110位，已经被联合国列为13个贫水国家之一。

我国由于受季风气候的影响，降水的年际变化很大，年内分配也很不均匀，且降水越少的地区，年际和年内的变化也越大。降水及河川径流在季节和年际上分布不均匀的情况，北方甚于南方。枯水季节或枯水年，雨量很小，往往不能满足用水要求；而丰水季节或丰水年，雨量又很大，可能泛滥成灾。我国南部地区最大年降水量一般是最小年降水量的2～4倍，北部地区一般是3～6倍，且常有连续丰水年和连续枯水年出现。我国多数地区的雨季为4个月，南部在5—8月，4个月的降水量占年降水量的50%～60%；北部雨季多为6—9月，4个月的降水量占年降水量的70%～80%。水量的比值一般达十几倍或几十倍。不同地区之间，南方一日雨量可远超过西北全年降水量；同一地区，一次暴雨可超过多年平均年降水量，这就导致我国各地历史上洪、涝、旱灾频仍。由此可见，大力治水，根除水旱灾害，进而充分开发利用珍贵的水资源是何等重要。因此，无论是发展农业、工业，还是进行城市规划，都应考虑水资源的现状和开发的可能性，不能不顾水资源条件而盲目发展。

如果说我国水的人均拥有量不算多的话，而由于从青藏高原到海平面之间的巨大落差，我国可用于发电的水能资源却十分丰富。全国水能理论蕴藏量达6.8×10^8kW，其中可开发的也达3.78亿kW，年发电量可达1.91万亿kW·h以上，均居世界首位。因此，利用我国这一优势，大搞水力发电，对解决我国建设发展中的能源问题具有决定性意义。

水资源是国家的财富，属全民所有，不受行政区划和部门的干扰。对水资源的开发，一定要统一规划、综合治理、综合利用、综合经营，为整个国民经济的发展服务，这是兴办水利事业的基本原则。对发电、防洪、灌溉、水运、给水等方面要统筹规划，全面安排，按照各部门的需要，制订最优开发方案，尽量调解它们之间的矛盾，最大限度地照顾各方要求，使水利资源得到最有效的利用，使国民经济所得到的总效益最大。

模块1.1.2 河流

河流是地球上水分循环的重要路径，自然界中的水主要来自降水、地下水或高山融雪。高山融雪和降水由起伏不平的地形提供了地表径流形成由高向低冲刷的条件。径流越集中，冲刷力越强，久而久之，小沟变小溪，经过地面和地下向河流补给水源，上游水流不断切割和冲蚀河床，使河床逐渐扩大加深，最后汇集成为终年有水的河流。

2. 河流的基本特征

河流的基本特征有河流长度、纵横断面、河床比降等，一般是实测或依据实测地形图计算而来的，是进行水利工程规划和水工建筑物设计的基本数据。

（1）长度。河流自河源到河口的长度称为河长。由于河流蜿蜒曲折，不易直接量测。一般在河道地形图上按比例尺量出。可以行驶机船的河流，可用机船行驶的速度及航行的时间求得。

（2）河床。河流沿途经过的河道称为河床，也称河谷。枯水期水流所占河床称为主槽；汛期洪水泛滥所及部位，称为滩地。在枯水期和中水期水流经过的河床称为基本河床，在洪水期漫溢到两岸滩地所形成的河床称为洪水河床。一般上游处于峡谷中，中游两岸有滩地，下游位于冲积层上。

（3）横断面。它是指与河道主流方向垂直的断面，即河底线与水面线之间所包围的平面，是决定河槽输水能力、流速分布、流向的重要因素。当河水涨落变化时，过水断面的形状和面积也随之变化。

（4）纵断面。它是指沿河流中线（也有取沿程各横断面上的河床最低点）河长变化的剖面。可以表示河流的纵坡及落差的沿程分布。这是推算水流特性和估计水能资源的主要依据。

（5）纵比降。河段两端的河底高程之差称为河床落差，单位河长的河床落差称为河道纵比降，通常以千分数或小数表示。

任务1.2　水利工程基本概念

1.3 Ⓟ 著名水利枢纽

1.4 ▶ 葛洲坝水电站

模块1.2.1　水利枢纽

为了综合利用水资源，达到防洪、灌溉、发电、供水、航运等目的，需要集中修建不同类型的建筑物，以控制和支配水流，满足国民经济发展的需要，这些建筑物称为水工建筑物。由不同水工建筑物组成的综合体称为水利枢纽。

葛洲坝水利枢纽工程，位于湖北省宜昌市，是三峡水利枢纽工程完工前我国最大的一座水电工程。该工程于1988年完成。葛洲坝工程主要由电站、船闸、泄水闸、冲沙闸等组成。大坝全长2595m，坝顶高70m，宽30m。总库容量15.8亿m^3。电站装机21台，年均发电量141亿kW·h。建船闸3座，可通过万吨级大型船队。27孔泄水闸和15孔冲沙闸全部开启后的最大泄洪量为11万m^3/s。图1-1所示为葛洲坝水电站。

水利枢纽的作用可以是单一的，但多数是综合利用的。枢纽正常运行中各部门之间对水利的要求有所不同。例如，防洪部门希望汛前降低水位加大防洪库容，而兴利部门则希望扩大兴利库容而不愿汛前过多降低水位；水力发电只是利用水的能量而不消耗水量，发电后的水仍可用于农业灌溉或工业供水，但发电、灌溉和供水的用水时间不一定一致。因此，在进行水利枢纽设计时，应使上述矛盾得到合理解决，以做到降低工程造价，满足国民经济各部门的需要。

1. 河流的基本知识

（1）干流、支流。直接流入海洋、湖泊或消失于荒漠的河流称为干流。直接或间接流入干流的河流称为支流。在较大水系中，直接流入干流的河流称为一级支流，流入一级支流的河流称为二级支流，其余依此类推。

（2）水系。由大小不同的江河干流、支流、湖泊、沼泽和地下暗流等组成的脉络相通的水网系统称为水系，也叫河系或河网。水系一般以它的干流或以注入的河流、湖泊名称命名，如长江水系、太湖水系、珠江水系等。

（3）河流的分段。河流可按其地貌特征及水力特性进行分段，一条发育完整的河流可分为河源、上游、中游、下游及河口等5个河段。

1）河源，是河流的发源地，多为泉水、溪涧、冰川、湖泊或沼泽等。

2）上游，指直接连接河源的河流上段。其特点是河谷窄、坡度大、水流急、下切强烈，常有瀑布、急滩。河床多为基岩或砾石。

3）中游，指上游以下的河流中段。河段坡度渐缓，河槽变宽，两岸常有滩地，冲淤变化不明显，河床较稳定。河床多为粗砂。

4）下游，指中游以下的河段。一般处于平原区，其特征是河槽宽阔，河床坡度较小，流速慢，水位变幅小、淤积明显，浅滩和河湾较多。河床多为细砂或淤泥。

5）河口，是河流的终点，即河流注入海洋或内陆湖泊的出水口。这一段因流速骤减，泥沙大量淤积，往往形成平面呈扇形的沙洲，常称为三角洲。

流入海洋的河流称为入海河流。由于沿途渗漏或蒸发损失，在与其他河流汇合前就已枯竭而没有河口的河流，称为内陆河，俗称为“瞎尾河”。我国新疆的塔里木河就是一条长度为中国第一、世界第二的内陆河。

（4）河流分类。不同的学者根据不同的划分原则有不同的分类，主要分为以下三类。

1）按地区分类，分为山区（包括高原）河流和平原河流两类。这是最常用的分类法。

对于较大的河流，其上游段多为山区河流，而下游段多为平原河流，位于上下游之间的中游段则往往兼有山区河流与平原河流的特性。

山区河流流经地势高峻、地形复杂的山区，所以岸线极不规则，宽度变化很大，水流急，多险滩瀑布、洪水猛涨猛落。河谷断面多呈V形或U形。河床由岩石组成，水流的切削作用进行缓慢，河道基本上是稳定的。但在岩石风化严重、植被很差的地区，暴雨时可能发生危险很大的泥石流。山区河流水力资源丰富，但对航运不利。

平原河流地形平缓，泥沙容易沉积，在两岸形成自然堤。堤岸较高，使地表径流不易流入河中，低洼地容易形成内涝。河谷较宽，河谷断面呈U形或W形。水量比较丰富，对航运和灌溉提供了有利条件。但平原河流的河床土质抗冲能力小，极易产生变形、弯曲、浅滩等，使深槽位置变化不定，需要采取整治措施来稳定河床。

2）平面形态（河型）分类，分为顺直型、弯曲型、分汊型、游荡型。

3）河型动态分类，河流分为稳定、相对稳定和不稳定。

图 1-1　葛洲坝水电站

模块 1.2.2　水工建筑物的分类

1. 按功能分类

(1) 挡水建筑物。拦截或约束水流，并可承受一定水头作用的建筑物。例如，蓄水或壅水的各种拦河坝，修筑于江河两岸以抗洪的堤防、施工围堰等。

(2) 泄水建筑物。排泄水库、湖泊、河渠等多余水量，以保证挡水建筑物和其他建筑物安全，或为必要时降低库水位乃至放空水库而设置的建筑物，如设于河床的溢流坝、泄水闸、泄水孔以及设于河岸的溢洪道、泄水隧洞等。

(3) 输水建筑物。为灌溉、发电、城市或工业给水等需要，将水自水源或某处送至另一处或用户的建筑物。其中直接自水源输水的建筑物也称引水建筑物，如引水隧洞、引水涵管、渠道、渡槽、倒虹吸管、输水涵洞等。

(4) 取水建筑物。引水建筑物的上游首部建筑物，如取水口、进水闸、扬水站等。

(5) 整治建筑物。改善河道水流条件，调整河势，稳定河槽，维护航道和保护河岸的各种建筑物，如丁顺坝、潜坝、导流堤、防波堤、护岸等。

(6) 专门性水工建筑物。为水利工程中某些特定单项任务而设置的建筑物。例如，专用于水电站的前池、调压室、压力管道、厂房；专用于通航过坝的船闸、升船机、鱼道、筏道；专用于给水防沙的沉沙池等。

与专门性水工建筑物相对，前面五类建物也可统称为一般性水工建筑物。

2. 按使用的时间分类

水工建筑物按使用的时间长短分为永久性建筑物和临时性建筑物两类。

(1) 永久性建筑物。这种建筑物在运用长期使用，根据其在整体工程中的重要性又分为主要建筑物和次要建筑物。主要建筑物系指该建筑物在失事以后将造成下游灾害或严重影响工程效益的建筑物，如闸、坝、泄水建筑物、输水建筑物及水电站厂房等；次要建筑物系指失事后不致造成下游灾害和对工程效益影响不大且易于检修的建

1.8 ▶
三峡水电站

1.9 ▶
三峡工程如何做到防洪、发电、通航

如，修筑在岩溶地区的乌江渡水电站，坝型为拱形重力坝，最大坝高165m，帷幕灌浆最大深度达200m；碧口水电站，拦河坝为壤土心墙土石坝，最大坝高101m，坝基处理采用混凝土防渗墙，最大深度为65.5m；陕西石头河水库，拦河坝为黏土心墙土石坝，最大坝高105m，已实现全面机械化施工；龙羊峡水电站，其坝型为重力拱坝，最大坝高177m，最大库容247亿m^3，装机容量为128万kW，单机容量为32万kW；葛洲坝水电站总装机容量为271.5万kW，年平均发电量141亿kW·h。采用蓄清排浑方式的小浪底水利枢纽，由拦河坝、引水发电系统、泄洪排沙系统组成。龙滩水电站坐落在广西红水河上，装机容量540万kW，坝高192m，为碾压混凝土重力坝。小湾水电站，坐落在云南澜沧江上，装机1000kW；拉西瓦拱坝，坝高252m；举世瞩目的三峡水利枢纽工程已经完成，宏伟的南水北调中线工程已竣工，许多伟大而艰巨的跨世纪的世界一流水利工程正等待我们去建设。

任务1.4 水利工程的分等分级

水利枢纽工程的建设备受国际关注，其建设成败直接影响国家的声誉。但不同规模的工程影响程度也不同。为使工程的安全可靠性与其造价的经济合理性统一起来，水利枢纽及其组成建筑物要分等分级，即先按工程的规模、效益及其在国民经济中的重要性，将水利枢纽分等，而后再对各组成建筑物按其所属枢纽等别、建筑物作用及重要性进行分级。枢纽工程、建筑物的等级不同，对其规划、设计、施工、运行管理的要求也不同，等级越高者要求也越高。这种分等分级、区别对待的方法，也是国家经济政策和技术政策的一种重要体现。

根据水利部颁发的现行规范《水利水电工程等级划分及洪水标准》（SL 252—2000），对水利枢纽和其中建筑物分等分级。水利水电枢纽工程按其规模、效益和在国民经济中的重要性划分为五等，枢纽中的水工建筑物分为五级，见表1-1和表1-2。

表1-1　　山区、丘陵区水利水电枢纽工程分等指标表

工程等别	工程规模	分等指标				
		水库总库容/亿m^3	防洪		灌溉面积/万亩	水电站装机容量/万kW
			保护城镇及工矿区	保护农田面积/万亩		
Ⅰ	大（1）型	>10	特别重要城市、工矿区	>500	>150	>75
Ⅱ	大（2）型	10～1.0	重要城市、工矿区	500～100	150～50	75～25
Ⅲ	中型	1.0～0.1	中等城市、工矿区	100～30	50～5	25～2.5
Ⅳ	小（1）型	0.1～0.01	一般城镇、工矿区	30～5	5～0.5	2.5～0.05
Ⅴ	小（2）型	0.01～0.001		<5	<0.5	<0.05

表 1-2　　平原、滨海地区水利水电枢纽工程分等指标表

工程等别	工程规模	分等指标						
		水库总库容/亿 m^3	防洪		排涝	灌溉	供水	水电站
			保护城镇及工矿区	保护农田面积/万亩	排涝面积/万亩	灌溉面积/万亩	供给城镇及矿区	装机容量/万 kW
Ⅰ	大（1）型	＞10	特别重要	＞500	＞200	＞150	特别重要	＞75
Ⅱ	大（2）型	10～1.0	重要	500～100	200～60	150～50	重要	75～25
Ⅲ	中型	1.0～0.1	中等	100～30	60～15	50～5	中等	25～2.5
Ⅳ	小（1）型	0.1～0.01	一般	30～5	15～3	5～0.5	一般	2.5～0.05
Ⅴ	小（2）型	0.01～0.001		＜5	＜3	＜0.5		＜0.05

对综合利用的水利水电工程，当按各综合利用项目的分等指标确定的等别不同时，其工程等别应按其中最高等别确定。

水利水电工程的永久性水工建筑物的级别，应根据其所在的工程等别和建筑物的重要性分为5级，见表1-3。

表 1-3　　水工建筑物级别

<table>
<tr><th rowspan="2">工程等别</th><th colspan="2">永久性水工建筑物级别</th><th rowspan="2" colspan="2">临时性水工建筑物级别</th></tr>
<tr><th>主要建筑物</th><th>次要建筑物</th></tr>
<tr><td>Ⅰ</td><td>1</td><td>3</td><td rowspan="2">3</td><td rowspan="2">有特殊要求的1级永久性水工建筑物</td></tr>
<tr><td>Ⅱ</td><td>2</td><td>3</td></tr>
<tr><td>Ⅲ</td><td>3</td><td>4</td><td rowspan="2">4</td><td rowspan="2">1级、2级永久性水工建筑物</td></tr>
<tr><td>Ⅳ</td><td>4</td><td>5</td></tr>
<tr><td>Ⅴ</td><td>5</td><td>5</td><td>5</td><td>3级、4级永久性水工建筑物</td></tr>
</table>

确定永久性水工建筑物级别时，对于下述情况可提高或降低其主要建筑物级别：

（1）对于失事后损失巨大或影响十分严重的水利水电工程的2～5级主要永久性水工建筑物，经过论证，可提高一级；失事后损失不大的水利水电工程的1～4级主要永久性水工建筑物，经论证后可降低一级。

（2）对于永久性水工建筑物的工程地质条件特别复杂，或采用缺少实践经验的新坝型、新结构时，对2～5级水工建筑物可提高1级，但洪水标准可不提高。

（3）对于水库大坝按表1-3的规定为2级、3级的永久性水工建筑物，如坝高超过表1-4中数值者可提高一级，但洪水标准不予提高。

表 1-4　　水库大坝提级指标

<table>
<tr><th>级别</th><th>坝　型</th><th>坝高/m</th></tr>
<tr><td rowspan="2">2</td><td>土石坝</td><td>90</td></tr>
<tr><td>混凝土坝、浆砌石坝</td><td>130</td></tr>
<tr><td rowspan="2">3</td><td>土石坝</td><td>70</td></tr>
<tr><td>混凝土坝、浆砌石坝</td><td>100</td></tr>
</table>

水利水电工程施工期使用的临时性挡水和泄水建筑物的级别，应根据保护对象的重要性、失事后果、使用年限和临时性建筑物规模，按表1-5确定。

表1-5 临时性建筑物级别

级别	保护对象	失事后果	使用年限/年	临时性水工建筑物规模	
				高度/m	库容/亿 m^3
3	有特殊要求的1级永久性水工建筑物	淹没重要城镇、工矿企业、交通干线或推迟总工期及第一台（批）机组发电，造成重大灾害和损失	>3	>50	>1.0
4	1级、2级永久性水工建筑物	淹没一般城镇、工矿企业或影响工程总工期及第一台（批）机组发电而造成较大经济损失	3～1.5	50～15	1.0～0.1
5	3级、4级永久性水工建筑物	淹没基坑、但对总工期及第一台（批）机组发电影响不大，经济损失较小	<1.5	<15	<0.1

当临时性水工建筑物根据表1-5的指标分属不同级别时，其级别应按其中最高级别确定。但对3级临时性水工建筑物，符合该级别规定的指标不得少于两项。

利用临时性水工建筑物挡水发电、通航时，经过技术经济论证，3级以下临时性水工建筑物的级别可提高一级。

任务1.5 水利工程建设程序

水利工程项目在建设过程中，各个工作环节的先后顺序和步骤也称为水利工程基本建设程序。其内容包括调查研究、河流（或地区）水利规划、项目确定、设计、施工和竣工验收等。

1. 国内水利工程建设程序

对拟兴建的水利工程项目，要严格遵守基本建设程序，做好前期工作，并纳入国家各级基本建设计划后才能开工。水利工程建设程序一般分为两大阶段：工程开工前为前期工作阶段，包括河流规划、可行性研究、初步设计、施工图设计等；工程开工后到竣工验收为施工阶段，包括工程招标、工程施工、设备安装、竣工验收等。

前期工作中根据工程规模大小不同、建筑物构成不同、作用不同和管理部门不同，建设程序的繁简也不同，设计阶段的划分亦有所区别，各个阶段的审批程序也不同。水利工程设计须遵循分阶段循序渐进逐步深入的原则进行。设计阶段一般分为初步设计和施工图设计两个阶段。对重要的大型水利工程，增加技术设计，为三个阶段。对技术复杂的工程，还要编制技术专题报告。对技术经济条件简单、方案明确的中型水利工程，可行性研究和初步设计合并为一个阶段。对小型水利工程，则可进一步简化。至于配套工程，如灌溉渠首、渠系重要的大型交叉建筑物应与主体工程一样，其他建筑物可予简化。

对前期工作项目实行分级管理。大中型水利工程项目按隶属关系一般由主管业务部门或省、市、自治区审批，其中对国民经济有重大影响的和协作关系比较复杂的项目，主管业务部门审查后，报国务院或国家发展和改革委员会批准。中小型水利工程可由设计单位的上级审批。初步设计和概算经审查批准，可列入各级政府的年度基建计划，或作为计划的预备项目。

各个阶段的主要工作内容如下。

（1）项目建议书阶段。项目建议书阶段也称初步可行性研究阶段。项目建议书是指项目法人向国家提出的要求建设某一工程项目的建议性文件，是对拟建项目轮廓的设想。

其主要作用是对拟建项目进行初步说明，论述其建设的必要性、条件的可行性和获利的可能性，供基本建设管理部门选择并确定是否进行下一步工作。项目建议书经批准后，紧接着进行可行性研究。可行性研究是对建设项目在技术和经济上是否可以进行的科学分析和论证，是技术经济的深入论证阶段，为项目决策提供依据。

（2）可行性研究。根据国民经济和社会发展的长远规划，在江河流域规划研究的基础上，选定建设项目，广泛收集有关资料，踏勘建设地点，基本弄清工程项目的技术经济条件，提出项日建议书。按照项目建议书的要求对拟建工程勘测调查，收集水文、气象、地理、地质等自然资料和社会经济资料，进行全面、综合的技术经济分析研究，确定工程的任务和规模，拟定多种可行方案，经过论证比较和必要的科学实验研究选择最佳方案，编制完整的可行性研究报告，作为编制工程项目设计任务书的依据。

（3）初步设计。对可行性研究推荐的方案进一步分析利弊，落实建设条件和协作配合条件，审核技术经济指标，比较确定建设地点，审查建设资金来源及偿还能力，编制设计任务书，为项目最终决策和初步设计提供依据。根据批准的设计任务书和设计基础资料，经通盘研究，确定工程项目的综合利用、总体布置及主要技术经济原则，提出实施方案，编制初步设计和概算，经过审批，据以进行施工准备。

（4）施工图设计。对初步设计拟定的各项建筑物，进一步补充计算分析和试验研究，深入细致地落实工程建设的技术措施，提出建筑物尺寸、布置、施工和设备制造、安装的详图、文字说明，并编制施工图预算，作为预算包干、工程结算的依据。

重要的大型水利工程，技术复杂，一般增加技术设计阶段，其内容就工程的特点而定，深度应能满足确定设计方案中较重要而复杂的技术问题和有关科学试验、设备制造方面的要求，同时编制修正概算。

（5）工程招标。初步设计批准后，主管部门筹组建设单位，进行工程招标。由设计单位编制招标文件，其内容应按照有关法规、工作条例的规定，对工程项目的规模、技术、质量的要求和实施细则作出详尽的规定。建设系统（即发包单位）向施工单位发出投标邀请书，施工单位编制投标文件。通过开标、评标、议标、询标等一系列过程，确定中标单位（即承包单位）。发包单位与承包单位签订承包合同协议书，其内容包括投标邀请书、投标书、工程量报价表、技术规范、图纸及资金筹集、运用、贷款支付、账户建立等。合同协议书应报送上级及有关单位核查备案。

（6）工程施工及设备安装。合同签订后，承包单位着手施工准备，主要是施工队伍进场、施工征地、临建工程等，并组织设备订货，编制施工计划，据以进行工程施工、设备安装、库区居民迁移安置等。根据施工需要设计单位应派出设计代表在现场配合施工，说明设计意图，必要时修改局部设计，并会同施工单位进行质量检查。

(7) 工程竣工验收。水利工程单项或全部建成后，应及时组织竣工验收。按规定由主管业务部门会同有关单位、建设银行等组成验收委员会（或小组），对工程进行竣工验收。重要的大型水利工程建设时间较长，可按工程施工情况，分期分阶段进行验收，最后由国家计划委员会全面验收。竣工验收前先由设计、施工单位自验，编写验收申请报告，附以必要的图纸文件及工程竣工决算。竣工验收合格，移交给管理部门运用。

2. 世界其他国家水利工程建设程序

其程序大体和中国相似。前期工作阶段：美国规定对江河流域进行多目标规划后，开展水利工程的预可行性研究、可行性研究、方案设计、详细设计。苏联规定由河流技术经济调查报告选定第一期工程，然后进行初步设计、技术设计、施工图设计。日本则分为初步调查、河流规划、编制计划、可行性研究、施工图设计等阶段。至于施工阶段，各国也都经过工程招标、签订合同、工程施工、竣工验收、投产使用等阶段。

思 考 题

1-1 水资源的概念以及我国水资源的特点是什么？

1-2 什么是水利工程？水利工程的类型有哪些？

1-3 什么叫水利枢纽？什么叫水工建筑物？简述水工建筑物的分类及特点。

1-4 水利水电工程如何分等？水工建筑物如何分级？

项目2 拦 河 坝

任务2.1 重 力 坝

2.1 Ⓟ
重力坝

2.2 ▶
刘家峡

重力坝是用混凝土或浆砌石修筑的挡水建筑物。其工作原理：在水压力及其他荷载作用下，依靠坝体自重在坝基面产生的抗滑力来抵抗水平水压力以达到稳定要求；利用坝体自重在水平截面上产生的压应力来抵消由水压力所引起的拉应力以满足强度要求。重力坝基本断面一般是上游面铅直或接近铅直三角形断面，如图2-1所示。

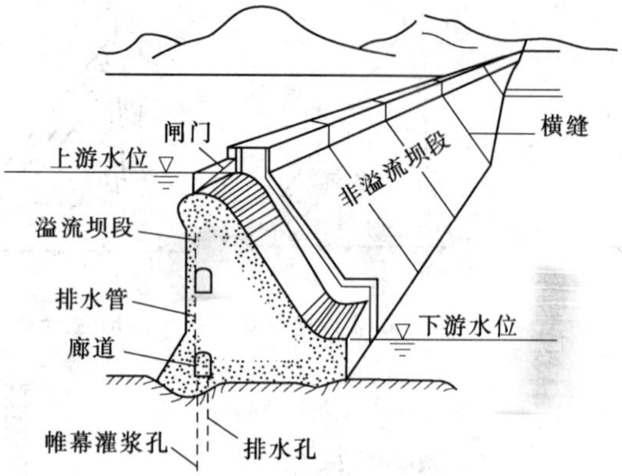

图2-1 重力坝示意图

模块2.1.1 重力坝的特点

1. 优点

（1）工作安全，运行可靠。重力坝剖面尺寸大，坝内应力较小，筑坝材料强度较高，耐久性好。因此，抵抗洪水漫顶、渗漏、侵蚀、地震和战争等破坏的能力比较强。据统计，在各种坝型中，重力坝失事率相对较低。

（2）对地形、地质条件适应性强。任何形状的河谷都可以修建重力坝。对地质条件要求相对较低，一般修建在岩基上，当坝高不大时，也可修建在土基上。

（3）泄洪方便，导流容易。可采用坝顶溢流，也可在坝内设泄水孔，不需设置溢洪道和泄水隧洞，枢纽布置紧凑。在施工期可以利用坝体导流，不需另设导流隧洞。

（4）施工方便，维护简单。大体积混凝土，可以采用机械化施工，在放样、立模和混凝土浇筑等环节都比较方便。在后期维护、扩建、补强、修复等方面也比较简单。

（5）受力明确，结构简单。重力坝沿坝轴线用横缝分成若干坝段，各坝段独立工作，稳定和应力计算都比较简单。

2. 缺点

（1）坝体剖面尺寸大，材料用量多，材料的强度不能得到充分发挥。

（2）坝体与坝基接触面积大，坝底扬压力大，对坝体稳定不利。

（3）坝体体积大，混凝土在凝固过程中产生大量水化热和硬化收缩，将引起不利的温度应力和收缩应力。因此，在浇筑混凝土时需要有较严格的温度控制措施。

模块 2.1.2 重力坝的分类

（1）按坝的高度分类。坝高低于 30m 的为低坝，高于 70m 的为高坝，30～70m 的为中坝。坝高是指坝基最低面（不含局部有深槽或井、洞部位）至坝顶路面的高度。

（2）按泄水条件分类，有溢流重力坝和非溢流重力坝。溢流坝段和坝内设有泄水孔的坝段统称为泄水坝段，非溢流坝段也叫挡水坝段。

（3）按筑坝材料分类，有混凝土重力坝和浆砌石重力坝。

（4）按坝体结构型式分类，有实体重力坝、宽缝重力坝、空腹（腹孔）重力坝、预应力锚固重力坝和装配式重力坝，如图 2－2 所示。

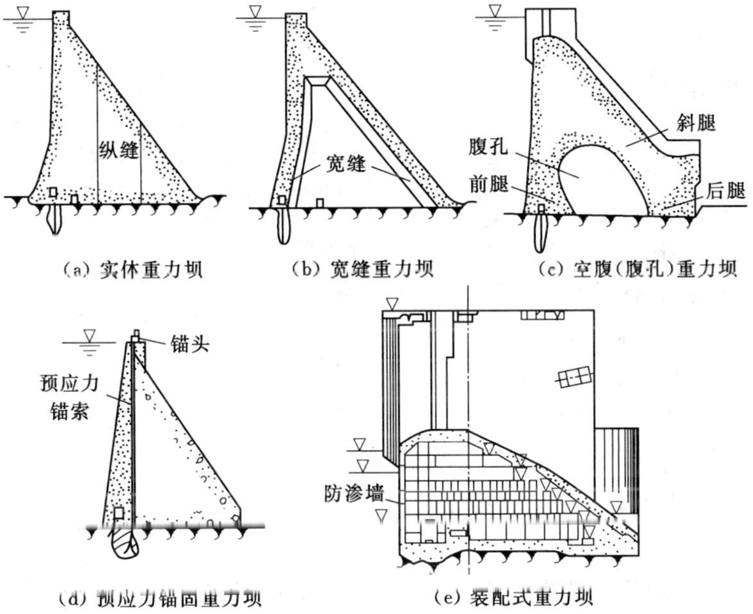

图 2－2 重力坝按坝体结构型式分类

（5）按施工方法分类。有浇筑混凝土重力坝和碾压混凝土重力坝。碾压混凝土重力坝剖面与实体重力坝剖面类似。

模块 2.1.3 重力坝布置

（1）首先考虑泄洪建筑物的布置，下泄水流不致冲淘坝基和其他建筑的基础，流态和冲淤不影响其他建筑物使用。大、中型枢纽工程重力坝布置如图 2－3。

（2）碾压混凝土重力坝宜采用引水式或地下式厂房。若采用坝后式厂房时，宜采用背管式布置。

（3）位于洪水流量大而狭窄河道上高坝的枢纽布置，可选用厂房顶溢流式、厂前挑流式、坝内式或地下式厂房等。

（4）溢流段布置时，前沿长度、孔数、孔口型式、尺寸和堰顶高程的确定，其考虑因素包括：运行、泄洪、排漂浮物要求；地形地质、下游河床及两岸抗冲性能；下游水深及消能要求；坝体分段情况，与相邻建筑物的关系；闸门型式、工作条件及运

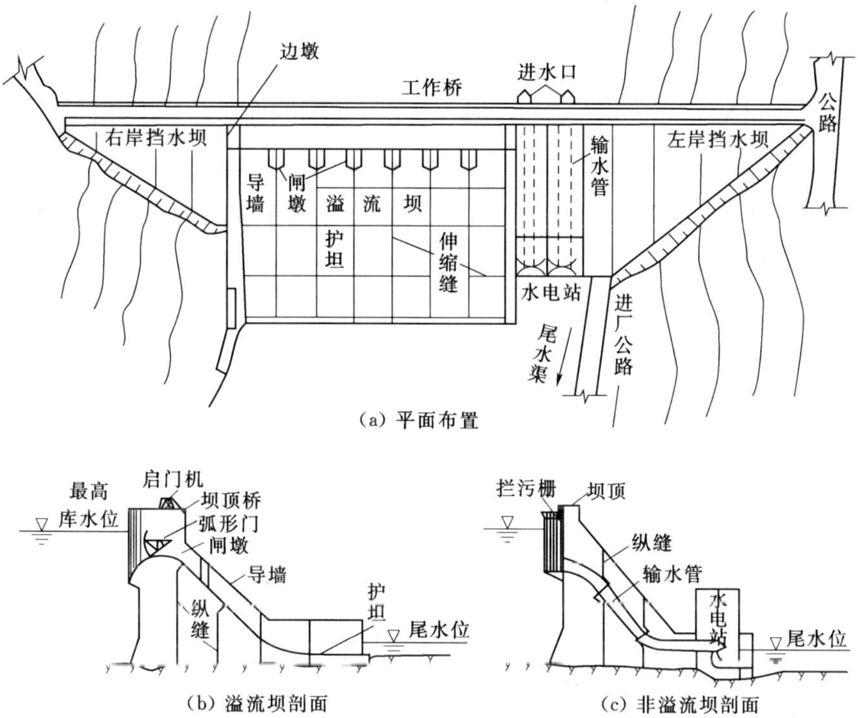

图 2-3 大、中型枢纽工程重力坝的布置

行方式。开敞式溢流孔，具有较大泄洪潜力，宜优先考虑。

(5) 泄水孔的设置要满足下列要求：泄洪要求，地震设计烈度Ⅷ度以上或坝基地质复杂，降低、放空库水要求；下游供水要求；排沙要求；施工期泄洪要求（适宜结合为永久泄洪孔时）。

(6) 选择泄水孔位置、型式、高程、孔数和孔口尺寸应考虑的因素包括：布置条件方面，狭窄河道泄水孔宜与溢流坝段结合，消能方式与溢流坝统一考虑，宽阔河道可考虑分设，排沙孔应靠近发电（或灌溉、供水）进水口、船闸闸首等部分，流态不得影响这类建筑物运行；运行条件方面，下游流量、放水期限、检修条件、排沙及排漂等都需要考虑；施工条件方面，泄水孔设于不同位置对施工进度和施工方法的影响，施工期泄洪及下游供水要求等；还需要考虑闸门工作条件、启闭机及坝体结构强度等。

(7) 重力坝的施工导流建筑物，如底孔、缺口、梳齿等的布置要求为：能宣泄承担的施工期流量；与永久泄水建筑物布置相结合；通航河流上考虑施工期通航要求或采取其他措施满足；能通过浮冰或漂浮物；泄洪时不致冲坏永久建筑物或影响施工进度；施工方便，运行可靠，便于回填封堵。

(8) 供水管道取水口高程按供水期引水高程、流量和水量等确定，必要时考虑水温和泥沙情况分层设置。坝内发电引水管道进水口高程按水利动能设计要求和泥沙淤积等条件确定。坝上过坝建筑物的进、出口宜远离泄洪建筑物的进、出口。

此，拱坝的稳定主要指坝肩的稳定。

3. 荷载方面

拱坝坝身为一个整体，不设永久缝，其周边固结于基岩上，因而温度变化和基岩变位对坝体应力的影响较为显著，必须考虑温度荷载和基岩变形，温度荷载是拱坝必须重视的一项主要荷载。

4. 泄洪方面

在泄洪方面，拱坝不仅可在坝顶溢流，还可在坝身开设大孔口泄水。目前，拱坝坝顶溢流或坝身孔口泄水的单宽流量已超过 $200m^3/(s \cdot m)$。

5. 设计和施工特点

与重力坝相比，拱坝厚度小，体形复杂，设计和施工难度大，因而对筑坝材料强度、施工质量、施工技术等方面有着较高的要求。

模块 2.2.2 拱坝对地形的要求

地形条件是决定拱坝结构形式、工程布置及经济性的主要因素。理想的地形应是坝址河谷相对狭窄、两岸岩面大致对称、岸坡平顺无突变、在平面上向下游收缩的峡谷段。此外，坝下游两端还应有足够大的岩体支撑，以保证拱座的稳定。

河谷形状对拱坝体形影响很大。河谷形状可分为 V 形、梯形和 U 形 3 种典型断面，如图 2-8 所示。

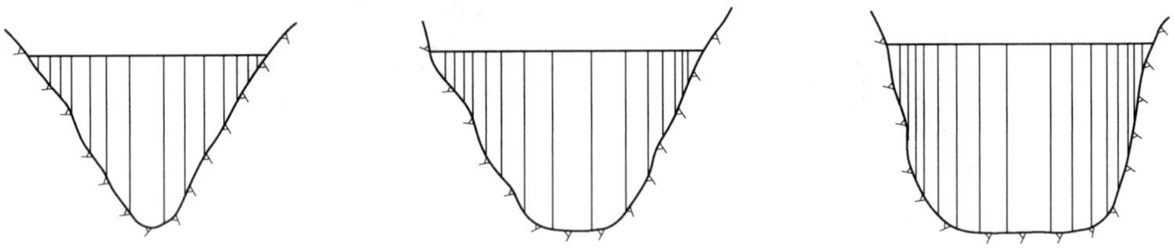

(a) V 形断面 (b) 梯形断面 (c) U 形断面

图 2-8 河谷形状典型断面

河谷的形状特征通常是以坝顶处河宽 L 与坝高 H 的比值 L/H（宽高比）来表示。拱坝的厚薄程度常以坝底厚度 T 与坝高 H 的比值 T/H（厚高比）来表示。一般认为，$T/H<0.2$ 时为薄拱坝；$T/H=0.2\sim0.35$ 时为中厚拱坝；$T/H>0.35$ 时为厚拱坝或称重力拱坝。

根据工程经验，可得出以下结论。

（1）当 $L/H<1.5$ 时，河谷狭窄，拱的作用大，主要荷载通过拱的作用传至两岸，坝体厚度可薄些，适宜修建薄拱坝。

（2）当 $L/H=1.5\sim3.0$ 时，河谷较宽，可修建中厚拱坝。

（3）当 $L/H=3.0\sim4.5$ 时，河谷宽，多修建厚拱坝。

（4）当 $L/H>4.5$ 时，河谷更加开阔，一般认为拱的作用已很小，多采用其他坝型。

必须指出，坝址河谷形状是对开挖后的坝基岩面而言的。有些坝址，开挖前的河谷很窄，但覆盖层较厚，岩石风化较深，当开挖到可利用的岩基面时，河谷变宽、变深，在勘测、设计中应予以注意。

模块 2.2.3 拱坝对地质的要求

拱坝要求基岩完整、坚硬、质地均匀，有足够的强度，透水性小，耐风化，没有大断层或软弱夹层等。

由于拱坝的稳定主要依靠坝肩，坝肩的基岩必须能承受由拱端传来的巨大推力，保持稳定并不产生较大的变形。因此，在选址时，尽量避开断层破碎带；否则应采取工程措施，确保坝肩的稳定。

随着经验的积累和地基处理技术水平的不断提高，在地质条件较差的地基上也建成了不少高拱坝。例如，意大利的圣杰斯汀那拱坝，高 153m，基岩变形模量只有坝体混凝土的 1/10～1/5；葡萄牙的阿尔托·拉巴哥拱坝，高 94m，两岸岩体变形模量之比达 1∶20；我国龙羊峡拱坝，高 178m，基岩被众多断层和裂隙所切割，岩体破碎，且位于Ⅸ度强震区。但当地质条件复杂到难以处理，或处理工作量太大、费用过高时，则应另选其他坝型。

模块 2.2.4 拱坝的分类

（1）按坝高划分。坝高小于 30m 的为低坝；坝高在 30～70m 的为中坝；坝高大于 70m 的为高坝。

（2）按照曲率划分。可分为单曲拱坝和双曲拱坝。

单曲拱坝仅在水平断面上有曲率，在悬臂梁断面上不弯曲或曲率很小，如图 2-9（a）所示；双曲拱坝在水平断面和悬臂梁断面均有曲率，如图 2-9（b）所示。

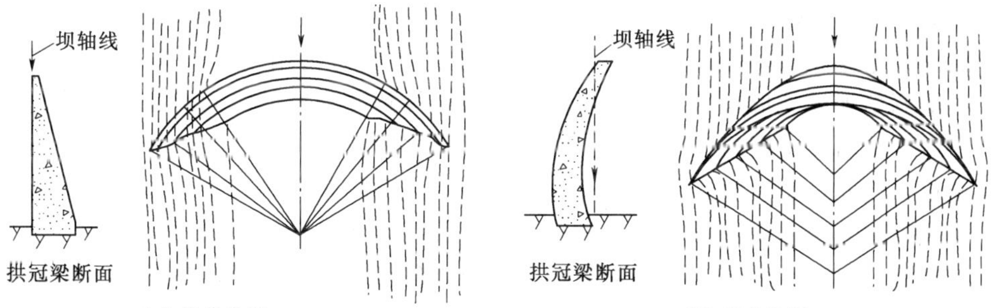

（a）单曲拱坝　（b）双曲拱坝

图 2-9 单、双曲拱坝示意图

（3）按水平拱圈形式划分。可分为圆弧拱坝、多心拱坝（二心、三心）、抛物线拱坝、椭圆拱坝和对数螺旋线拱坝等，如图 2-10 所示。

（4）按厚高比划分。可分为薄拱坝（$T/H<0.2$）、中厚拱坝（$T/H=0.2\sim0.35$）、厚拱坝（$T/H>0.35$）。

（5）按中心角沿半径高度变化划分。可分为定圆心等外半径拱坝、等圆心角拱坝和变半径变中心角拱坝。

（6）按坝身结构形式划分。①一般拱坝（单曲、双曲）；②混合型拱坝（隔河岩拱坝、乌江渡拱坝）；③上拱下部支墩式拱坝；④空腹拱坝（凤滩混凝土空腹重力拱坝）；⑤多层拱坝（法国玛雷琪、中国火甲拱坝）；⑥拱上拱坝（窄香口拱坝、红色娘

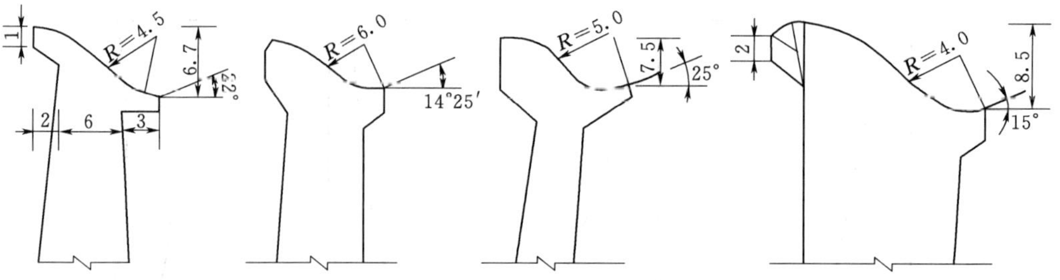

(a) 四川长沙坝 (b) 湖南花木桥坝 (c) 广东泉水坝 (d) 贵州水车田坝

图 2-13 鼻坎挑流式泄流（单位：m）

2. 滑雪道式泄流

滑雪道式泄流是拱坝特有的一种泄洪方式，其溢流面曲线由溢流坝顶和与之相连接的泄槽组成，泄槽与坝体彼此独立。水流流经泄槽，由槽末端的挑流鼻坎挑出，使水流在空中扩散，下落到距坝较远的地点。

滑雪道可设置在拱坝两岸，也可设置在水电站厂房的顶部。当设置在两岸时，可对称布置，对冲消能；当设置在厂房顶部时，可以解决泄量大而河谷狭窄时泄洪与厂房布置的矛盾。滑雪道式泄流适用于泄洪量大、坝身较薄的拱坝。

图 2-14 所示为广东泉水拱坝，高 80m，采用滑雪道式溢洪道，设在两岸并呈对称布置，左右溢洪道各有两孔，每孔尺寸为宽 9.0m、高 6.5m，鼻坎挑流，泄量约为 $1500m^3/s$，落水点距坝脚约 110m。

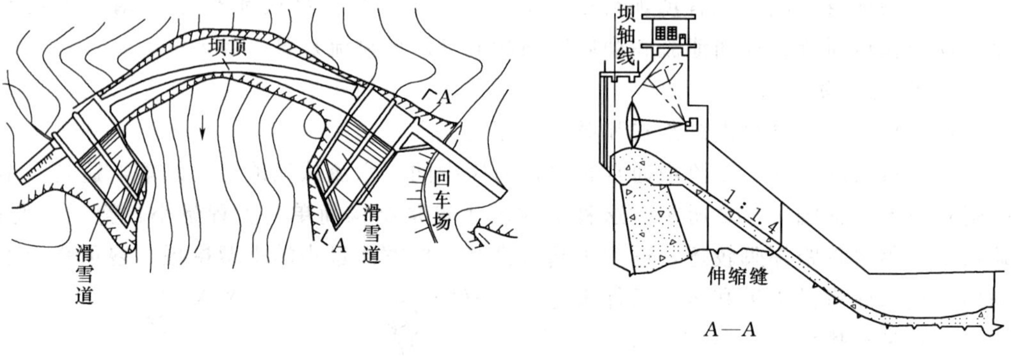

图 2-14 泉水拱坝

3. 坝身孔口泄流

这里所说的坝身泄水孔主要指中孔（进水孔水头小于 60m）和深孔。拱坝坝身泄水孔的特点是具有一定的工作水头、流速大、射程远。泄水孔口有以下两种形式。

（1）泄洪大孔口。该孔口一般设在河床中部坝段，便于消能和防冲。孔口工作水头为 20～30m，孔口尺寸可达 10m×10m。矩形孔口有利于施工，圆形或椭圆形孔口对坝体应力有利。工作闸门设置出口，采用平面或弧形闸门。我国湖南的欧阳海拱坝，坝高 58m，设置了 5 个泄洪大孔口，孔口设计水头为 18.5m、断面尺寸为

11.5m×7m，总泄量达6090m^3/s。

（2）高压放水深孔。一般设在坝底部，孔口尺寸较小，在下游出口处设高压闸门或阀门，进口有拦污栅和检修门。孔口多为圆形，有时还有钢板衬砌。

模块2.2.7　拱坝的消能和防冲

拱坝一般建在狭窄的河谷上，且过坝水流落差大，容易造成集中冲刷、两侧强力回流，危及河床和两边岸坡稳定。为了保证河床与岸坡的安全，需要采取消能措施。拱坝消能常采用挑流或水垫消能，极少采用底流消能。

1. 水垫消能

当水流从坝顶表孔跌落到下游河床时，利用下游水垫消能，形式最为简单。如法国的乌格朗拱坝，利用下游施工围堰做成二道坝，抬高下游水位，形成水垫。

2. 挑流消能

鼻坎挑流式、滑雪道式和坝身泄水孔式泄水建筑物一般选择挑流消能：在溢流面末端设置鼻坎，将水流挑起、扩散后再跌入水中。但水流过坝后会向心集中，对坝下游消能极为不利。在实际工程中，为减轻这一不利因素的影响，可采用同高程孔口泄流左右对冲消能，或不同高程孔口泄流上下对冲，或高孔口跌流配合低孔的底流消能等组合的消能形式。

3. 底流消能

对重力式拱坝，有的也采取底流消能，如萨扬舒申斯克重力拱坝，坝高242m，采用下弯型中孔，泄流沿下游坝面流入设有二道坝的收缩式消力池，池上游端宽123m，下游端宽97m，长约130m，二道坝下游护坦长235m，末端设有齿墙，单宽流量为139$m^3/(s \cdot m)$。

任务2.3　土　石　坝

模块2.3.1　土石坝的特点

2.4 Ⓟ
土石坝

土石坝是土坝、土石混合坝和堆石坝的统称，是人类最早建造的坝型。土石坝的历史悠久，发展迅速，在国际、国内广泛采用并得到不断发展，与其自身的优越性是密不可分的。与混凝土坝相比，土石坝主要具有以下特点。

（1）可以就地取材，节约大量水泥、木材和钢材，减少工地的外线运输量。由于土石坝设计和施工技术的发展，放宽了对筑坝材料的要求，几乎任何土石料均可筑坝。

（2）能适应各种不同的地形、地质，对地基的要求较其他坝型低。

（3）土石坝的结构简单，工作可靠，使用年限也较长。

（4）土石坝的施工方法比较简单，既可以人力施工，又可采用高度机械化的设备进行施工，运用管理以及维修加高均较方便。

（5）对于交通不便，而当地又有足够的土石料的山区，土石坝是一种比较经济的坝型。

（6）一般情况下，土石坝的坝顶不允许过水，因此，必须另外修建溢洪道来宣泄洪水。

(7) 土石坝的坝坡缓，体积大，工程量大。

(8) 土料的填筑受气候影响比较大等。

模块 2.3.2 土石坝的工作条件

土石坝是由散粒体（松散的固体颗粒集合体）结构的土石料经过填筑而成的挡水建筑物，因此，土石坝与其他坝型相比，在稳定、渗流、冲刷、沉陷等方面具有不同的工作条件。

1. *稳定方面*

土石坝的基本剖面形状为梯形或复式梯形。由于填筑坝体的土石料为散粒体，抗剪强度低，上、下游坝坡平缓，坝体体积和重量都较大，所以不会产生水平整体滑动。

土石坝失稳的形式，主要是坝坡的滑动或坝坡连同部分坝基一起滑动。坝坡滑动会影响土石坝的正常工作，严重的将导致工程失事。为了保证土石坝在各种工作条件下都能保持稳定，应选取合理的坝坡和防渗排水设备，施工中还要认真做好地基处理并严格控制施工质量。

2. *渗流方面*

由于土石料是散粒体，土体内具有相互连通的孔隙。当有水位差作用时，水会从水位高的一侧流向水位低的一侧。在水位差作用下，水穿过土中相互连通的孔隙发生流动的现象称为渗流。土石坝挡水后，上、下游存在水位差，在坝体内形成由上游向下游的渗流。

渗流在坝内的自由水面称为浸润面，浸润面与垂直于坝轴线剖面的交线称为浸润线，如图 2-15 所示。

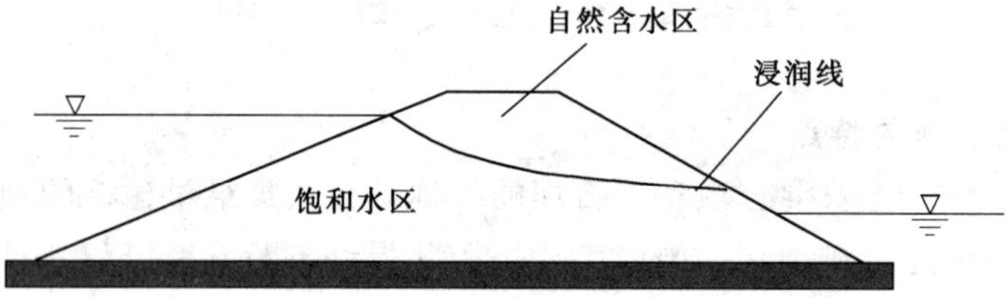

图 2-15 浸润线

渗流不仅使水库损失水量，还易引起管涌、流土等渗透变形。浸润线以下的土料承受着渗透动水压力，并使土的内摩擦角和黏结力减小，对坝坡稳定不利。坝体与坝基、两岸以及其他非土质建筑物的结合面易产生集中渗流，因此土石坝必须采取防渗措施以减少渗漏，保证坝体的渗透稳定性，并做好各种结合面的处理，避免产生集中渗流，以保证工程安全。

3. *抗冲刷方面*

土石坝为散粒体结构，抗冲能力很低。坝体上、下游水的波浪将在水位变化范围内冲刷坝坡；大风引起的波浪可能沿坝坡爬升很高甚至翻过坝顶，造成严重事故；降落在坝面的雨水沿坝坡下流，也将冲刷坝坡；靠近土石坝的泄水建筑物在泄水时激起水面波动，对土石坝坡也有淘刷作用；季节气温变化，也可能使坝坡受到冻结膨胀和干裂的影响。

为避免上述不良影响，应采取以下工程措施：①在土石坝上、下游坝坡设置护坡，坝顶及下游坝面布置排水措施，以免风浪、雨水及气温变化带来有害影响；②坝顶在最高库水位以上要留一定的超高，以防止洪水漫过坝顶造成事故；③布置泄水建筑物时，注意进出口与坝坡要有一定距离，以免泄水时对坝坡产生淘刷。

4. 沉降方面

由于土石料存在较大的孔隙，且易产生相对的移动；在自重及水压力作用下，会有较大的沉陷。坝体沉降会使坝的高度不足，不均匀沉陷还将导致土石坝裂缝，坝体横缝对坝的防渗极为不利。为防止坝顶低于设计高程和产生裂缝，施工时应严格控制碾压标准并预留沉降量。对于重要工程，沉陷值应通过沉陷计算确定。对于一般的中小型土石坝，如坝基没有压缩性很大的土层，可按坝高的1%～2%预留沉陷值。

5. 其他方面

严寒地区水库水面冬季结冰膨胀对坝坡产生很大的推力，导致护坡的破坏；动物筑窝会使坝体形成集中的渗流通道；地震地区的地震惯性力也会增加滑坡和液化的可能性。

模块2.3.3 枢纽布置

近年来，随着土石坝的大量修建，其枢纽布置也有新的发展，应根据大坝、电站、泄水建筑物与导流隧洞的相互关系，进行了枢纽布置总格局研究。中小型土石坝工程的枢纽布置一般是土石坝、表面溢洪道、引水道及厂房分散布置，其特点是简单明确、互不干扰。但从有些坝址的地形、地质、施工等条件看，采用这种分散的枢纽布置方案困难较大或造价较高。例如，岸坡陡峻地形往往会给布置表面溢洪道带来开挖量大的缺点或高边坡稳定的难题，开挖工程量大，施工和处理难度均大，高边坡稳定问题十分突出，风险较大。坝址两岸基岩破碎往往给开挖大跨度隧洞造成困难。此外，当坝址有较宽阔的滩地时，就无必要采用分散布置，可将建筑物集中布置在河床，如果坝址设有几条导流隧洞，可以将它们改建为永久建筑物，达到“一洞多用”的目的。因而可以从工程的设计、施工、运行的落实、可靠和风险度以及工程量、施工难度、施工工期和工程投资等方面进行综合考虑。经综合比较，从保证工程安全运行、方便施工、节省投资、尽早提前发挥效益出发，选择最优的枢纽布置格局。

模块2.3.4 土石坝的类型

1. 土石坝按坝高分类

土石坝按坝高可分为低坝、中坝和高坝。根据我国《碾压式土石坝设计规范》(SL 274—2001) 规定：高度在30m以下的为低坝，高度在30～70m之间的为中坝，高度超过70m的为高坝。土石坝的坝高应从坝体防渗体（不含混凝土防渗墙、灌浆帷幕、截水墙等坝基防渗设施）底部或坝轴线部位的建基面算至坝顶（不含防浪墙），取其大者。

2. 按施工方法分类

(1) 碾压式土石坝。碾压式土石坝是分层铺填土石料、分层压实填筑的，坝体质量良好，目前最为常用。世界上现有的高土石坝都是碾压式的。本小节主要讲述碾压式土石坝。

按照坝身内的配置和防渗体所用的材料种类，碾压式土石坝可分为以下几种类型。

1）均质坝。均质坝坝体断面不分防渗体和坝壳，坝体基本上是由均一的黏性土料（壤土、砂壤土）筑成，整个坝体用以防渗并保持自身的稳定。由于黏性土抗剪强度较低，对坝坡稳定不利，坝坡较缓，体积庞大，使用的土料多，铺土厚度薄，填筑速度慢，易受降雨和冰冻的影响，故多用于坝址处除土料外缺乏其他材料的情况。

2）土质心墙坝。用透水性较好的砂或砂砾石做坝壳，以防渗性较好的黏性土作为防渗体设在坝的剖面中心位置。优点：坡陡，坝剖面较均质坝小，工程量少，心墙占总方量比重不大，因此施工受季节影响相对较小。缺点：要求心墙与坝壳大体同时填筑，干扰大，一旦建成则难以修补。

3）土质斜墙坝。黏土防渗体置于坝剖面的上游侧。优点：斜墙与坝壳之间的施工干扰相对较小，在调配劳动力和缩短工期方面比心墙坝有利。缺点：上游坡较缓，黏土量及总工程量较心墙坝大，抗震性及对不均匀沉降的适应性不如心墙坝。

当黏土防渗体位于坝中心而略微倾向上游时，叫斜心墙坝。

4）多种土质坝。坝址附近有多种土料用来填筑的坝。

5）人工材料心墙坝。坝主体由强度高的粗粒料组成，用沥青混凝土、混凝土等做成防渗心墙。

6）人工材料面板坝。防渗体为钢筋混凝土、沥青混凝土、钢板、木板等人工制备的材料建成的上游坝面。

还有各种混合坝。其中均质坝、心墙坝、斜墙坝和面板坝是土石坝的4种基本类型。

（2）水力冲填坝。水力冲填坝是以水力为动力完成土料的开采、运输和填筑全部工序而建成的坝。其施工方法是用机械抽水到高出坝顶的土场，以水冲击土料形成泥浆，然后通过泥浆泵将泥浆送到坝址，再经过沉淀和排水固结而筑成坝体。这种坝因筑坝质量难以保证，目前在国内外很少采用。

（3）水中填土坝。用易于崩解的土料，一层一层倒入由许多小土堤分隔围成的静水中填筑而成的坝。这种施工方法无需机械压实，而是靠土的重量进行压实和排水固结。该法施工受雨季影响小，工效较高，且不用专门碾压设备，但由于坝体填土干容重低、抗剪强度小、要求坝坡缓、工程量大等原因，仅在我国华北黄土地区、广东含砾风化黏性土地区曾用此法建造过一些坝，并未得到广泛的应用。

（4）定向爆破堆石坝。定向爆破堆石坝是按预定要求埋设炸药，使爆出的大部分岩石抛向预定的地点而形成的坝。这种坝增筑防渗部分比较困难。

上述4种坝中应用最为广泛的是碾压式土石坝。

2.5 Ⓟ

土石坝构造

模块2.3.5 土石坝的构造

土石坝主要包括坝顶、护坡、防渗体和排水设施等部分。

1. 坝顶

坝顶宽度应根据构造、施工、运行和抗震等因素确定。如无特殊要求，高坝可选用 10～15m，中、低坝可选用 5～10m。

坝顶盖面材料应根据当地材料情况及坝顶用途确定，宜采用密实的砂砾石、碎石、单层砌石或沥青混凝土等柔性材料。其不足之处在于洪水漫过防浪墙后，会冲蚀坝顶材料使防浪墙掏脚而被推倒，造成洪水漫顶失事。如果坝顶使用一些耐冲的材料，如混凝土、沥青、砌石等，对防汛有一定的好处。但厚层混凝土刚度较大，可能不与坝体变形同步，会使土与混凝土之间出现间隙，坝体裂缝也不易发现，这是不足之处。

坝顶面可向上、下游侧或下游侧放坡。坡度宜根据降雨强度，在 2%～3%之间选择，并做好向下的排水系统。坝顶上游侧宜设防浪墙，墙顶应高于坝顶 1.00～1.20m。防浪墙必须与防渗体紧密结合。防浪墙应坚固不透水，其结构尺寸应根据稳定、强度计算确定，并应设置伸缩缝，做好止水。

2. 护坡

坝表面为土、砂、砂砾石等材料时应设专门护坡。堆石坝可采用堆石材料中的粗颗粒料或超径石做护坡。

护坡的形式、厚度及材料粒径应根据坝的等级、运用条件和当地材料情况，根据以下因素进行技术经济比较确定。上游护坡应考虑：波浪掏刷；顺坝水流冲刷；漂浮物和冰层的撞击及冻冰的挤压。下游护坡应考虑：冻胀、干裂及蚁、鼠等动物的破坏；雨水、大风、水下部位的风浪、冰层和水流的作用。

（1）上游护坡。上游护坡的形式有堆石（抛石）、干砌石、浆砌石、预制或现浇的混凝土或钢筋混凝土板（或块）、沥青混凝土及其他形式（如水泥土）。

护坡的范围为：上部自坝顶起，如设防浪墙时应与防浪墙连接；下部至死水位以下不宜小于 2.50m，4 级、5 级坝可减至 1.50m，最低水位不确定时应护至坝脚。

1）堆石（抛石）护坡。它是将适当级配的石块倾倒在坝面垫层上的一种护坡。其优点是施工进度快、节省人力，但工程量比砌石护坡大。一般认为堆石厚度至少要包括 2～3 层块石，这样便于在波浪作用下自动调整，不致因垫层暴露而遭到破坏。当坝壳为黏性小的细粒土料时，往往需要两层垫层，靠近坝壳的一层垫层最小厚度为 15cm。

2）砌石护坡。这是用人工将块石铺砌在碎石或砾石垫层上，有干砌石和浆砌石两种，要求石料比较坚硬并耐风化。

干砌块石应力求嵌紧，石块大小及护坡厚度应根据风浪大小经过计算确定，通常厚度为 20～60cm。有时根据需要用 2～3 层的垫层，它也起反滤作用。

浆砌块石护坡能承受较大的风浪，也有较好的抗冰层推力性能。但水泥用量大，造价较高。若坝体为黏性土，则要有足够厚度的非黏性土防冻垫层，同时要留有一定缝隙以便排水通畅。

3）混凝土和钢筋混凝土板护坡。当筑坝地区缺乏石料时可考虑采用此种型式。预制板的尺寸一般采用：方形板为 1.5m×2.5m、2m×2m 或 3m×3m，厚为 0.15～

0.20m。预制板底部设砂砾石或碎石垫层。现场浇筑的尺寸可大些，可采用 5m×5m、10m×10m 甚至 20m×20m。在严寒地区因冰推力对护坡危害很大，故也多用混凝土板做护坡，但其垫层厚度要超过冻深。

4）渣油混凝土护坡。在坝面上先铺一层厚 3cm 的渣油混凝土（夯实后的厚度），上铺 10cm 的卵石做排水层（不夯），第三层铺 8～10cm 的渣油混凝土，夯实后在第三层表面倾倒温度为 130～140℃的渣油砂浆，并立即将 0.5m×1.0m×0.15m 的混凝土板平铺其上，板缝间用渣油砂浆灌满。这种护坡在冰冻区试用成功。

5）水泥土护坡。将粗砂、中砂、细砂掺上 7%～12%的水泥（重量比），分层填筑于坝面作为护坡，叫水泥土护坡。它是随着土石坝逐层填筑压实的，每层压实后的厚度不超过 15cm。这种护坡厚度 0.6～0.8m，相应水平宽度 2～3m。

这种护坡经过几个坝的实际应用，在最大浪高 1.8m 并经过十数年的冻融情况下，只有少量裂缝，护坡没有破坏。寒冷地区护坡在水库冰冻范围内，水泥含量应增加一些，常用 8%～14%。

以上各种护坡的垫层按反滤层要求确定。垫层厚度一般对砂土可用 15～30cm 以上，卵砾石或碎石可用 30～60cm 以上。

（2）下游护坡。下游护坡形式有：干砌石；堆石、卵石或碎石；草皮；钢筋混凝土框格填石；其他形式（如土工合成材料）。

护坡的范围为：应由坝顶护至排水棱体，无排水棱体时应护至坝脚。

草皮护坡是常用的形式，只要结合做好坡面排水，则护坡效果良好，厚 5～10cm。碎石或卵砾石护坡，一般直接铺在坝坡上，厚 10～15cm。在下游坡面上需设置沟、槽等坝面排水系统，以汇集坡面流水，如图 2-16 所示。

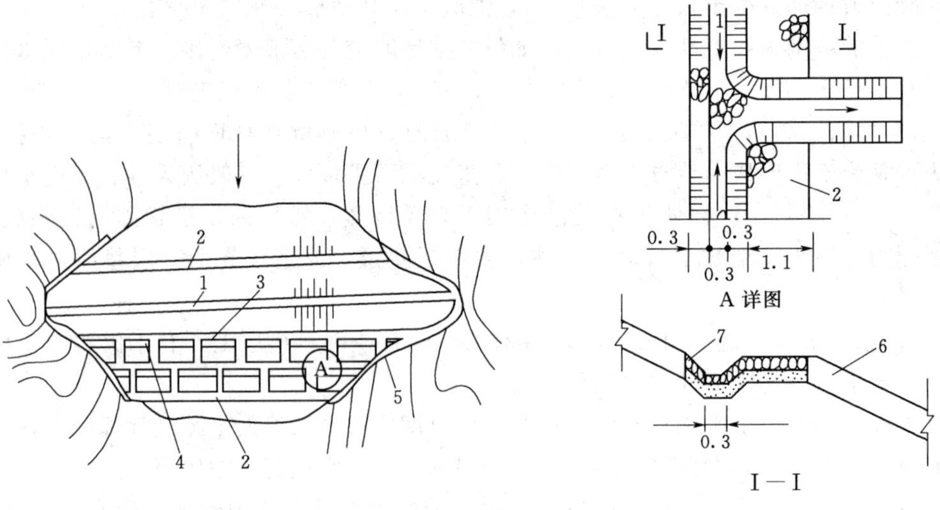

图 2-16 排水沟布置与构造（单位：m）

1—坝顶；2—马道；3—纵向排水沟；4—横向排水沟；5—岸坡排水沟；6—草皮护坡；7—浆砌石排水沟

3. 防渗体

设置防渗设施的目的：减少通过坝体和坝基的渗流量；降低浸润线，增加下游坝坡的稳定性；降低渗透坡降，防止渗透变形。土坝的防渗措施应包括坝体防渗、坝基防渗及坝身与坝基、岸坡及其他连接建筑物连接处的防渗。防渗体主要是心墙、斜墙、铺盖、截水墙等，其结构尺寸应能满足防渗、构造、施工和管理方面的要求。

（1）分区坝的防渗体。

1）塑性心墙。位于坝体中央或稍微偏向上游，由黏土、重壤土等黏性土料筑成。顶部高程高于设计洪水位 0.3～0.6m，且不低于校核洪水位。顶部的水平宽度应考虑机械化施工的需要，不应小于 3m。底部厚度不宜小于水头的 1/4。如顶部设有防浪墙并与心墙紧密结合时，心墙顶部高程不受上述要求限制，但也不得低于设计洪水位。

为防止冰冻和干裂，顶部应设砂砾料保护层，其厚度应大于冰冻深度或干燥深度且不小于 1.0m。心墙与坝壳间必须设置反滤层，如图 2－17 所示。心墙与地基、岸坡和其他建筑物连接时，必须有可靠的结合，以防止漏水和产生集中渗流。

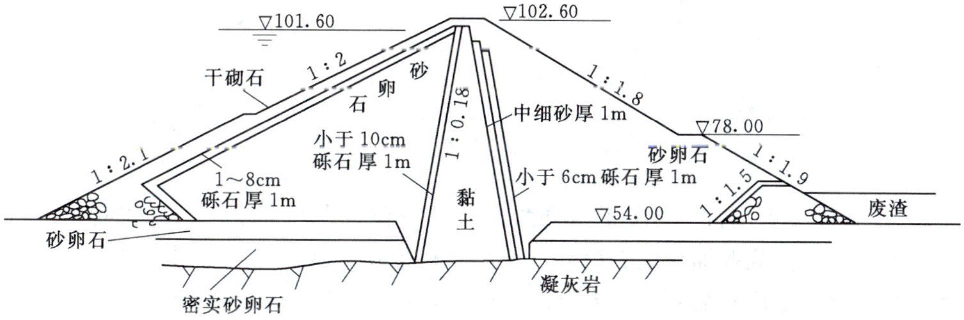

图 2－17　某水库黏土心墙土石坝（高程以 m 计，其余单位均以 cm 计）

2）塑性斜墙。位于坝体上游面，对土料的要求与心墙相同。顶部水平宽度不小于 3m。底部厚度不宜小于水头的 1/5。顶部高程高于设计洪水位 0.6～0.8m 且不低于校核洪水位。如顶部设有稳定、坚固、不透水且与斜墙紧密结合的防浪墙时，顶部高程要求与设防浪墙的心墙相同。

斜墙上游必须设保护层以防冰冻和干裂，厚度包括护坡垫层在内应不小于该地区的冻结深度或干燥深度。斜墙下游与坝壳之间按反滤层原则设置垫层。斜墙与保护层的坡度取决于稳定计算成果，一般内坡不陡于 1：2.0，外坡常在 1：2.5 以上，以维持斜墙填筑前的坝体稳定。

（2）人工材料防渗体。沥青具有良好的黏结性，适于做砂卵石级配材料的胶结料。沥青混凝土作为土石坝的防渗体具有较好的抗渗性、耐久性和适应变形的性能，较之普通混凝土等刚性材料具有较大的优越性。沥青混凝土是由一定级配的碎石（或卵石）、砂、石粉和沥青按比例配合，然后加热拌和成均匀的混合物，经摊铺、碾压达到一定的密实度。

沥青混凝土防渗体有两种形式，即沥青混凝土心墙和沥青混凝土面板。

1）沥青混凝土心墙。由于沥青混凝土渗透系数很小（10^{-9}～10^{-10}cm/s），所以断面很薄，一般采用底部厚、顶部窄的变厚心墙。对于中、低坝其底部厚度采用坝高的1/60～1/40，但不小于40cm；顶部厚度可以减小但不得小于30cm。心墙的上、下游面铺设过渡层，过渡层用砂砾石或碎石填筑，做成柔性的以调节坝体变形，厚度不要小于50cm以免心墙中的沥青在水压力作用下被挤出。由于心墙位于坝内，不受气候影响，不易受机械损伤，故其施工较沥青混凝土面板简单，但检查维修的条件较斜墙差，如图2-18所示。

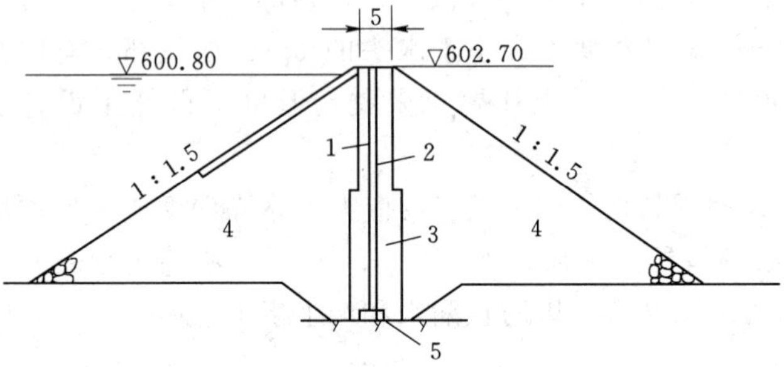

(a) 坝断面

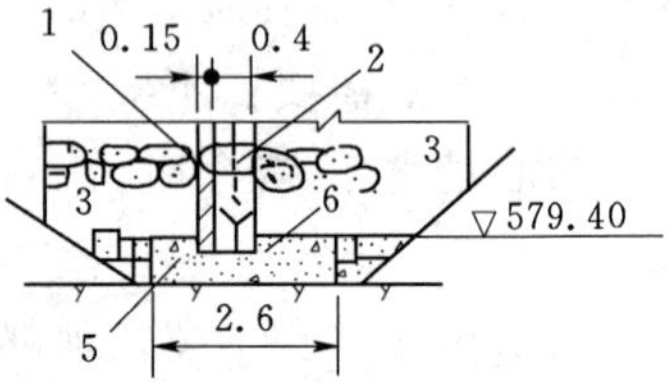

(b) 心墙与基础的连接

图2-18 吉林白水堆石坝（单位：m）

1—渣油沥青混凝土心墙，顶厚10cm；2—渣油砂浆砌块石；3—干砌石；4—堆石；5—水泥混凝土垫座；6—渣油砂浆

2）沥青混凝土面板。常见的有两种型式：一种为设有排水层的复式断面；另一种为无排水层的简式断面。前者由碎石垫层、整平胶结层、防渗底层、排水层、防渗面层和封闭涂层组成；后者由碎石（或干砌石）垫层、防渗层和封闭涂层组成。垫层一般为碎石或砾石，厚1～3m。有排水层的面板是在防渗层之下或两层防渗层之间，设置由粗粒级配沥青混凝土铺成的排水层，其厚度约20cm左右，分层铺压，每一铺压层厚3～6cm。许多工程的运用实践表明，无排水层的面板几乎不渗水，因此近年来倾向不设排水层。

在防渗层的迎水面涂一层沥青胶砂保护层，以减轻沥青混凝土的老化，增强防渗效果。

4. 排水设施

由于在土石坝中渗流不可避免，所以土石坝应设置坝体排水，用以降低浸润线，改变渗流方向，防止渗流逸出处产生渗透变形，保护坝坡土不产生冻胀破坏。坝体排水必须满足以下要求：能自由地向坝外排出全部渗水；应按反滤要求设计；便于观测和检修。坝体排水设备型式与下列因素有关：坝型、坝体填土和坝基土性质，以及坝基的工程地质和水文地质条件；下游水位及泥沙淤积影响；施工情况及排水设备的材料；筑坝地区的气候条件等。常用的坝体排水有以下几种型式。

（1）贴坡排水。贴坡排水紧贴下游坝坡的表面设置，它由1～2层堆石或砌石筑成，在石块与坝坡之间设置反滤层，可以防止坝坡土发生渗透破坏，保护坝坡免受下游波浪淘刷，如图2-19所示。

贴坡排水顶部应高于坝体浸润线的逸出点，并保证坝体浸润线位于冻结深度以下，对1级、2级坝不小于2.0m，3级、4级、5级坝不小于1.5m，当下游有水时还应满足波浪爬高的要求。底部应设排水沟和排水体，其深度要满足结冰后仍有足够的排水断面，材料应满足防浪护坡的要求。贴坡排水构造简单、节省材料，对坝体施工干扰较小，便于维修；但不能降低浸润线。多用于浸润线很低和下游无水的情况，土质防渗体分区坝常用这种排水体。

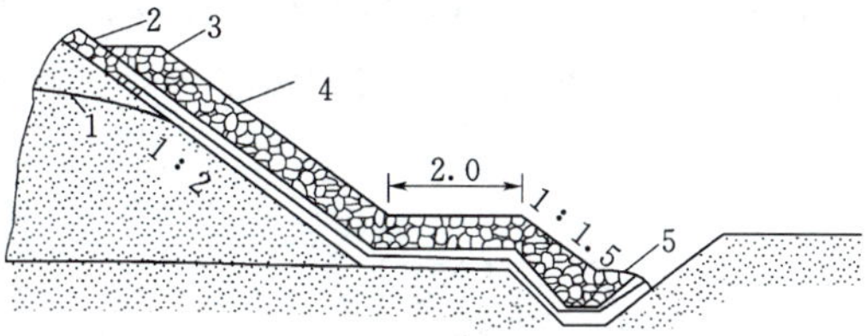

图 2-19 贴坡排水（单位：m）

1—浸润线；2—护坡；3—反滤层；4—排水；5—排水沟

（2）棱体排水。在下游坝脚处用块石堆成排水棱体，顶部高程应超出下游最高水位，超出高度应大于波浪沿坡面的爬高。超过的高度，1级、2级坝应不小于1.0m，3级、4级和5级坝应不小于0.5m波浪沿坡面的爬高；顶部高程应使坝体浸润线距坝面的距离大于该地区的冻结深度；顶部宽度应根据施工条件及检查观测需要确定，但不宜小于1.0m；应避免在棱体上游坡脚处出现锐角。排水棱体内坡一般为1：1.25～1：1.5，外坡为1：1.5～1：2.0或更缓。

棱体排水可以降低坝体浸润线，防止坝坡土的渗透破坏和冻胀，在下游有水条件下可保护下游坝脚不受波浪淘刷，且有支撑坝体的作用，可以增加坝坡的稳定性，是效果较好的一种排水形式，如图2-20所示。但棱体排水石料用量较大、费用较高，与坝体施工有干扰，检修也较困难。多用于河床部分的下游坝脚处。

（3）褥垫排水。褥垫排水是伸展到坝体内的一种排水设施，在坝基面上平铺一层厚0.4～0.5m的排水褥垫，并用反滤层包裹。排水层的厚度应根据排水量计算确定，并应满足反滤层最小厚度的要求。当下游水位低于排水设施时，降低浸润线的效果显著，还有助于坝基排水固结。坝内水平排水伸进坝体的极限尺寸，对于黏性土均质坝为坝底宽的1/2，砂性土均质坝为坝底宽的1/3；对于土质防渗体分区坝，宜与防渗体下游的反滤层相连接，如图2-21所示。

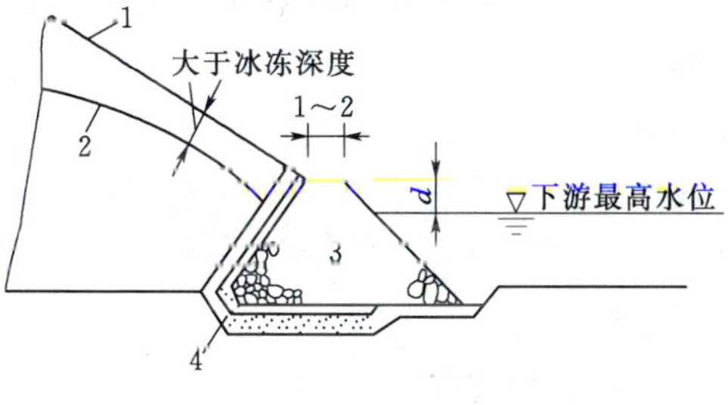

图 2-20 棱体排水（单位：m）

1—坝坡；2—浸润线；3—反滤层；4—堆石棱体

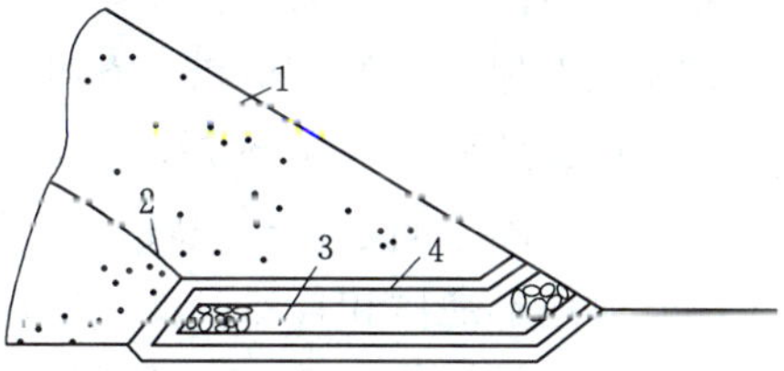

图 2-21 褥垫排水

1—浸润线；2—坝坡；3—褥垫排水；4—反滤层

褥垫排水可以降低坝体浸润线，防止土体的渗透破坏和坝坡土的冻胀，增加坝基的渗透稳定，造价也较低，在下游无水时还是一种较好的排水设备。缺点是当坝基产生不均匀沉陷时，褥垫排水层易遭断裂，而且检修困难，施工时有干扰，不易检修。

（4）综合排水。为发挥各种排水型式的优点，在实际工程中经常可以根据具体情况采用几种排水型式组合在一起的综合排水。例如，若下游高水位持续时间不长，为节省石料可考虑在下游正常水位以上采用贴坡排水，以下采用棱体排水。还可用褥垫排水与棱体排水组合；贴坡、棱体与褥垫排水等综合排水，如图2-22所示。

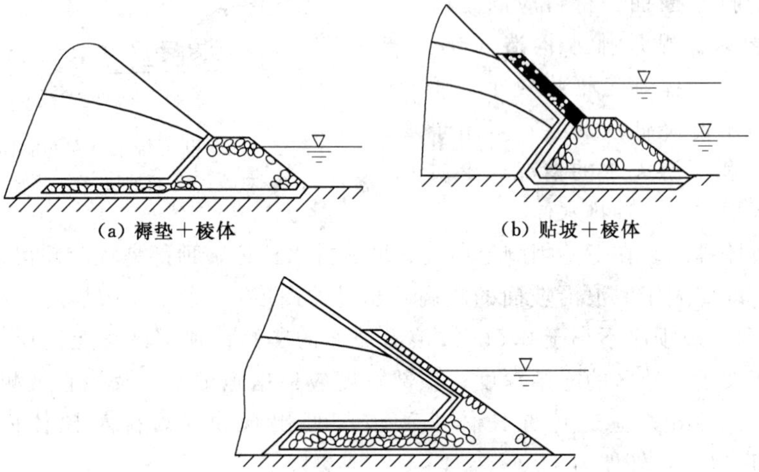

(a) 褥垫+棱体　　(b) 贴坡+棱体

(c) 贴坡+褥垫 +棱体

图2-22　综合排水

任务2.4　面板堆石坝

2.6 Ⓟ
堆石坝

模块2.4.1　面板堆石坝的特点

混凝土面板堆石坝是由堆石作为支承体并用混凝土面板作防渗体的坝的统称。主要用砂砾石填筑坝体的也可称为混凝土面板砂砾石坝。堆石体是坝的主体，对坝体的强度和稳定条件起决定性作用，因而要求由新鲜、完整、耐久、级配良好的石料填筑。其面板防渗体材料的性质有刚性防渗体坝（如混凝土、钢筋混凝土、木板和钢板等）和塑性防渗体坝（如土料和沥青混凝土等）。

面板堆石坝与其他坝型相比有以下主要特点。

（1）可就地取材，在经济上有较大的优越性。

（2）施工度汛问题比土坝较为容易解决。

（3）对地形地质和自然条件适应性较混凝土坝强。

（4）方便机械化施工，有利于加快施工工期和减少沉降。

（5）坝身不能泄洪，一般需另设泄洪和导流设施。

模块2.4.2　面板堆石坝的构造

采用钢筋混凝土面板作为防渗体，对堆石坝体上游面起防渗作用。钢筋混凝土面板堆石坝主要由堆石体、钢筋混凝土面板防渗体及其与河床和岸坡相连接的趾板等组成。坝体应根据料源及对坝料强度、渗透性、压缩性、施工方便和经济合理等要求进行分区，并相应确定填筑标准。从上游向下游宜分为垫层区、过渡区、主堆石区、下游堆石区；在周边缝下游侧设置特殊垫层区。

1. 堆石体

堆石体是面板下游的填筑体，是面板堆石坝的主体部分，根据其受力情况和在坝体所发挥的功能，又可划分为垫层区（2区）、过渡区（3A区）、主堆石区（3B区）和次堆石区（3C区），如图2-23所示。

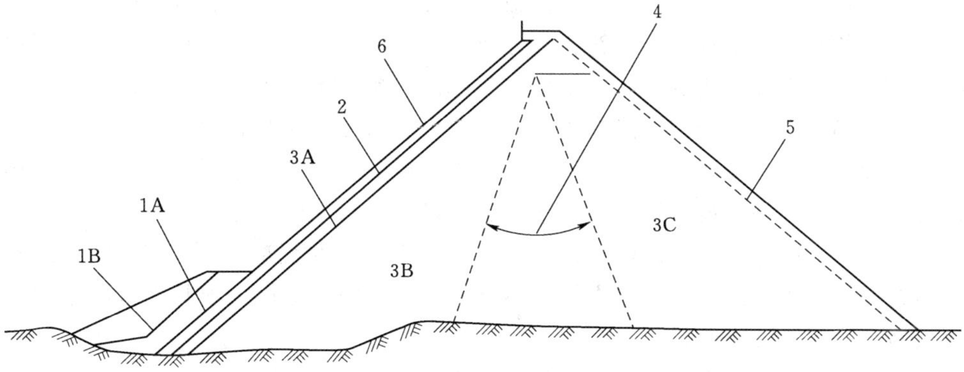

图2-23　堆石坝分区示意图

1A—上游铺盖区；1B—压重区；2—垫层区；3A—过渡区；3B—主堆石区；3C—下游堆石区；4—主堆石区和下游堆石区的可变界限；5—下游护坡；6—混凝土面板

（1）垫层区。垫层区是面板的直接支承体，向堆石体均匀传递水压力，并起辅助渗流控制作用。垫层区应选用质地新鲜、坚硬且耐久性较好的石料，高坝垫层料应具有连续级配，一般最大粒径为80～100mm，粒径小于5mm的颗粒含量为30%～50%，垫层料经压实后应具有内部渗透稳定性、低压缩性，抗剪强度高，要求具有良好的施工质量。垫层施工时每层铺筑厚度一般为0.4～0.5m。垫层区的水平宽度应由坝高、地形、施工工艺和经济性比较确定。

（2）过渡区。过渡区位于垫层区和主堆石区之间，保护垫层并起过渡作用。石料的粒径级配和密实度应介于垫层与主堆石区两者之间。由于垫层很薄，过渡区实际上是与垫层共同承担面板传力。此外，当面板开裂和止水失效而漏水时，过渡区应具有防止垫层内细颗粒流失的反滤作用，并保持自身的抗渗稳定性。过渡区细石料要求级配连续，最大粒径不宜超过300mm，压实后应具有低压缩性和高抗剪强度，并具有自由排水性能。过渡区材料，可采用专门开采的细堆石料、经筛选加工的天然砂砾石料或挖洞石渣料等。该区水平宽度可取3～5m，分层碾压厚度一般为0.4～0.5m。

（3）主堆石区。主堆石区位于坝体上游区内，是承受水荷载的主要支撑体。它将面板承受的水压力传递到地基和下游次堆石区。该区既应具有足够的强度和较小的沉降量，同时也应具有一定的透水性和耐久性。主堆石区填筑层厚一般为0.8～1.0m，最大粒径应不超过600mm。

（4）次堆石区。位于坝体下游区，与主堆石区共同保持坝体稳定，其变形对面板影响轻微，因而对填筑要求可酌情放宽。石料最大粒径可达1500mm，填筑层厚1.5～2.0m。下游次堆石区在坝体底部下游水位以下部分，应采用能自由滤水、抗风化能力较强的石料填筑；下游水位以上部分，使用与主堆石区相同的材料，但可以采用较低的压实标准，或采用质量较差的石料，如各种软岩（饱和无侧限抗压强度小于30MPa的岩石）料、风化石料等。

2. 钢筋混凝土面板

钢筋混凝土面板防渗体在堆石坝中应用较多，主要是由防渗面板和趾板组成，它位于堆石坝体上游面，起防渗作用。面板是防渗的主体，对质量有较高的要求。

（1）钢筋混凝土面板应具有符合设计要求的强度、不透水性和耐久性。面板底部厚度宜采用最大工作水头的1%，考虑施工要求，顶部最小厚度不宜小于30cm。

（2）钢筋混凝土面板为了能够适应坝体变形、施工要求和温度变化的影响，应设置伸缩缝和施工缝，垂直伸缩缝的间距应根据面板受力条件和施工要求确定。采用滑模施工时，为适应滑模连续施工的要求，也可以不设水平施工缝。

（3）趾板（底座）。趾板是连接地基防渗体与面板的混凝土板，是面板的底座。其作用是保证面板与河床及岸坡之间的不透水连接，同时也作为坝基帷幕灌浆的盖板和滑模施工的起始工作面。

（4）接缝与止水。面板坝的接缝按位置和作用可分为周边缝、面板垂直缝、趾板伸缩缝、面板与防浪墙水平缝、防浪墙伸缩缝以及施工缝。这些接缝是防渗系统中的薄弱环节，容易发生止水失效和渗漏等问题。面板接缝设计（包括面板与趾板的周边接缝和趾板之间接缝）主要是止水布置，周边缝止水布置最为关键，如图2-24所示。

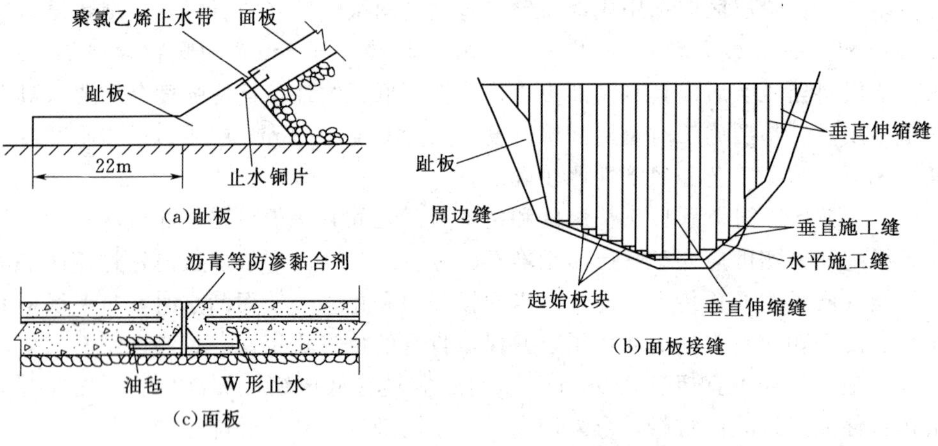

图2-24 面板与趾板及分缝布置

（5）面板与岸坡的连接。面板与岸坡的连接是整个面板防渗的薄弱环节，面板常随坝体产生的位移而产生变形，使其与岸坡结合不紧密，甚至出现脱离岸坡或产生错动的现象，形成集中渗流。设计中应特别慎重对待。

面板与岸坡的连接是通过趾板与岸坡连接的，面板与趾板又通过分缝和止水措施防渗。趾板作为面板与岸坡的不透水连接和灌浆压帽，应置于坚硬和可灌浆的弱风化至新鲜基岩上（低坝或水头较小的岸坡段可酌情放宽），岸坡的开挖坡度不宜陡于1∶0.5～1∶0.7；对置于强风化或有地质缺陷岩基的趾板，应采用专门的处理措施。

重要工程应根据现场灌浆试验确定。为了保证岸坡的稳定，防止岸坡坍塌而砸坏趾板和面板，趾板高程以上的上游坝坡应按永久性边坡设计。

思　考　题

2-1　重力坝的优缺点是什么？

2-2　简述重力坝的特点。

2-3　土石坝主要由哪几部分组成？它们各自的作用是什么？

2-4　拱坝有哪些特点？土坝的渗透变形有几种主要形式？

2-5　简述面板堆石坝的构造。

项目3　泄 水 建 筑 物

任务3.1　溢流坝及坝身泄水孔

3.1 Ⓟ
溢流坝

模块3.1.1　泄水建筑物的分类

泄水建筑物是为宣泄水库、河道、渠道、涝区超过调蓄或承受能力的洪水或涝水，以及为泄放水库、渠道内的存水以利于安全防护或检查、维修的水工建筑物。

常用的泄水建筑物有以下几种。

（1）低水头水利枢纽的滚水坝、拦河闸（泄水闸）、冲沙闸。

（2）高水头水利枢纽的溢流坝、溢洪道、泄水孔、泄水涵管、泄水隧洞。

（3）由河道分泄洪水的分洪闸、溢洪堤。

（4）由渠道分泄入渠洪水或多余水量的泄水闸、退水闸。

（5）由涝区排泄涝水的排水闸、排水泵站等。

泄水建筑物是保证水利枢纽和水工建筑物的安全、减免洪涝灾害的重要水工建筑物。

模块3.1.2　溢流坝

溢流重力坝简称溢流坝，既是挡水建筑物又是泄水建筑物。因此，确定坝体剖面除要满足稳定和强度要求外，还要满足泄水的要求，将规划库容所不能容纳的大部分洪水经坝顶泄向下游，以便保证大坝安全。同时要考虑下游的消能问题。溢流坝应满足泄洪的设计要求。

（1）有足够的孔口尺寸、良好的孔口体形和泄水时具有较大的流量系数。

（2）使水流平顺地通过坝体，不允许产生不利的负压和振动，避免发生空蚀现象。

（3）保证下游河床不产生危及坝体安全的冲坑和冲刷。

（4）溢流坝段在枢纽中的位置，应使下游流态平顺，不产生折冲水流，不影响枢纽中其他建筑物的正常运行。

（5）有灵活控制水流下泄的设备，如闸门、启闭机等。

1. 溢流坝的泄水方式

溢流坝的泄水方式有堰顶开敞溢流式和孔口溢流式两种，如图3-1所示。

（1）坝顶开敞溢流式。根据运用要求，堰顶可以设闸门，也可以不设闸门。

不设闸门时，堰顶高程等于水库的正常蓄水位，泄水时靠壅高库内水位增加下泄量，这种情况增加了库内的淹没损失和非溢流坝的坝顶高程和坝体工程量。坝顶溢流不仅可以用于排泄洪水，还可以用于排泄其他漂浮物。它结构简单，可自动泄洪，管理方便。适用于洪水流量较小，淹没损失不大的中、小型水库。

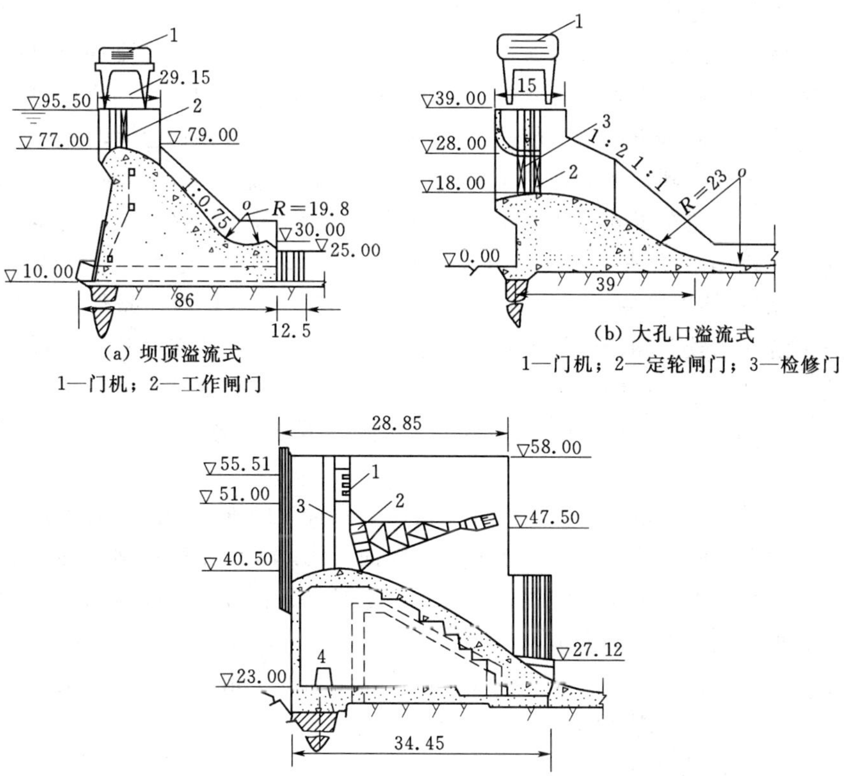

(a) 坝顶溢流式

1—门机；2—工作闸门

(b) 大孔口溢流式

1—门机；2—定轮闸门；3—检修门

(c) 具有活动胸墙的大孔口

1—活动胸墙；2—弧形闸门；3—检修门槽；

4—预制混凝土块安装区

图3-1　溢流坝泄水方式（单位：m）

当堰顶设有闸门时，闸门顶高程虽高于水库正常蓄水位，但堰顶高程较低，可利用闸门不同开启度调节库内水位和下泄流量，减少上游淹没损失和非溢流坝的高度及坝体的工程量。与深孔闸门比较，堰顶闸门承受的水头较小，其孔口尺寸较大，由于闸门安装在堰顶，操作、检修均比深孔闸门方便。当闸门全开时，下泄流量与堰上水头 H_0 的3/2次方成正比。随着库水位的升高，下泄流量增加较快，具有较大的超泄能力。在大、中型水库工程中得到广泛的应用。

（2）孔口溢流式。在闸墩上部设置胸墙，有固定胸墙和活动胸墙两种，既可利用胸墙挡水，又可减少闸门的高度和降低堰顶高程。它可以根据洪水预报提前放水，腾出较大的防洪库容，提高水库的调洪能力。当库水位低于胸墙下缘时，下泄水流流态与堰顶开敞溢流式相同；当库水位高于孔口一定高度时，呈大孔口出流。胸墙多为钢筋混凝土结构，常固接在闸墩上，也有做成活动式的。遇特大洪水时可将胸墙吊起，以加大泄洪能力，利于排放漂浮物。

2. 溢流坝的孔口布置

溢流坝的孔口尺寸，主要根据要下泄的洪水标准，溢流坝上不包括闸墩在内的总净宽和不包括边墩在内的总宽度的拟定，需设几个闸孔，每孔多宽。这些拟定好的孔口尺寸是否能通过相应的流量还要进行校核。

（1）单宽流量的确定。单宽流量的大小是溢流重力坝设计中一个很重要的控制性指标。单宽流量一经选定，就可以初步确定溢流坝段的净宽和堰顶高程。单宽流量越大，下泄水流的动能越集中，消能问题就越突出，下游局部冲刷会越严重，但溢流前缘短，对枢纽布置有利。因此，一个经济而又安全的单宽流量，必须综合地质条件、下游河道水深、枢纽布置和消能工设计多种因素，通过技术经济比较后选定。工程实践证明，对于软弱岩石常取 $q=20\sim50m^3/(s\cdot m)$；中等坚硬的岩石取 $q=50\sim100m^3/(s\cdot m)$；特别坚硬的岩石 $q=100\sim150m^3/(s\cdot m)$；地质条件好、堰面铺铸石防冲、下游尾水较深和消能效果好的工程，可以选取更大的单宽流量。近年来，随着消能技术的进步，选用的单宽流量也不断增大。在我国已建成的大坝中，龚嘴的单宽流量达 $254.2m^3/(s\cdot m)$。而委内瑞拉的古里坝其单宽流量已突破了 $300m^3/(s\cdot m)$ 的界限。

（2）孔口尺寸的确定。溢流坝的孔口设计涉及很多因素，如洪水设计标准、下游防洪要求、库水位壅高的限制、泄水方式、堰面曲线以及枢纽所在地段的地形、地质条件等。设计时，先选定泄水方式，拟定若干个泄水布置方案（除堰面溢流外，还可配合坝身泄水孔或泄洪隧洞泄流），初步确定孔口尺寸，按规定的洪水设计标准进行调洪演算，求出各方案的防洪库容、设计和校核洪水位及相应的下泄流量，然后估算淹没损失和枢纽造价，进行综合比较，选出最优方案。

3. 溢流坝的消能防冲

溢流坝下泄的水流具有很大的动能，常高达几百万甚至几千万千瓦，潘家口和丹江口坝的最大泄洪功率均接近 3000 万千瓦，如此巨大的能量，若不妥善进行处理，势必导致下游河床被严重冲刷，甚至造成岸坡坍塌和大坝失事。

通过溢流坝下泄水流的能量主要消耗在三个方面：一是水流内部的互相撞击和摩擦；二是下泄水体与空气之间的掺气摩阻；三是下泄水流与固体边界（如坝面、护坦、岸坡、河床）之间的摩擦和撞击。

能量转换途径包括：水流内部的紊动、掺混、剪切及旋滚；水股的扩散及水股之间的碰撞；水流与固体边界的剧烈摩擦和撞击；水流与周围空气的摩擦和掺混等消能形式的选择，要根据枢纽布置、地形、地质、水文、施工和运用等条件确定。

（1）消能防冲的设计原则。

1）尽量使下泄水流的大部分动能消耗在水流内部的紊动中，以及水流与空气的摩擦上。

2）不产生危及坝体安全的河床或岸坡的局部冲刷。

3）下泄水流平稳，不影响枢纽中其他建筑物的正常运行。

4）结构简单，工作可靠。

5）工程量小，造价低。

（2）消能的型式。消能型式应根据水头及单宽流量的大小、下游水深及其变幅、坝基地质、地形条件以及枢纽布置情况等，经技术经济比较后选定。溢流重力坝常用的消能方式有挑流式、底流式、面流式和戽流式等，其中挑流消能应用最广泛，底流消能次之，而面流及戽流消能一般应用较少。

1）挑流消能。挑流消能原理：如图 3－2 所示，利用溢流坝下游反弧段的鼻坎，将下泄的高速水流挑射抛向空中，抛射水流在掺入大量空气时消耗部分能量，而后落到距坝较远的下游河床水垫中产生强烈的旋滚，并冲刷河床形成冲坑，随着冲坑的逐渐加深，大量能量消耗在水流旋滚的摩擦之中，冲坑也逐渐趋于稳定。鼻坎挑流消能一般适用于基岩比较坚固的中、高溢流重力坝。

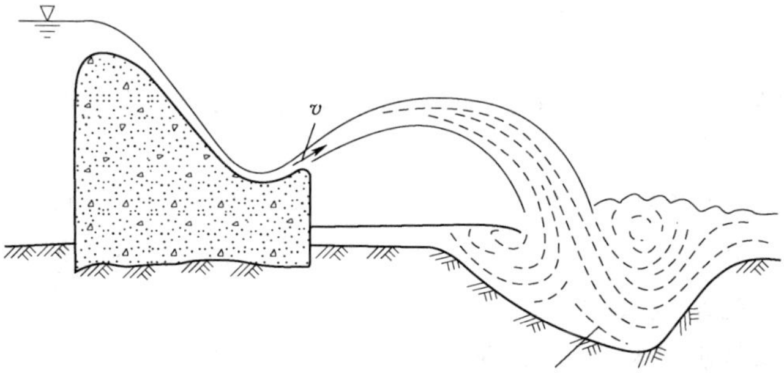

图 3－2　挑流消能

鼻坎挑流消能设计包括选择合适的鼻坎型式、鼻坎高程、挑射角度、反弧半径、鼻坎构造和尺寸、计算挑射距离和最大冲坑深度。挑流形成的冲坑应保证不影响坝体及其他建筑物的安全。

2）底流消能。底流消能是在坝下设置消力池、消力坎或综合式消力池和其他辅助消能设施，促使下泄水流在限定的范围内产生水跃。主要通过水流内部的旋滚、摩擦、掺气和撞击达到消能的目的，以减轻对下游河床的冲刷。底流消能工作可靠，但工程量较大，多用于低水头、大流量的溢流重力坝，如图 3－3 所示。

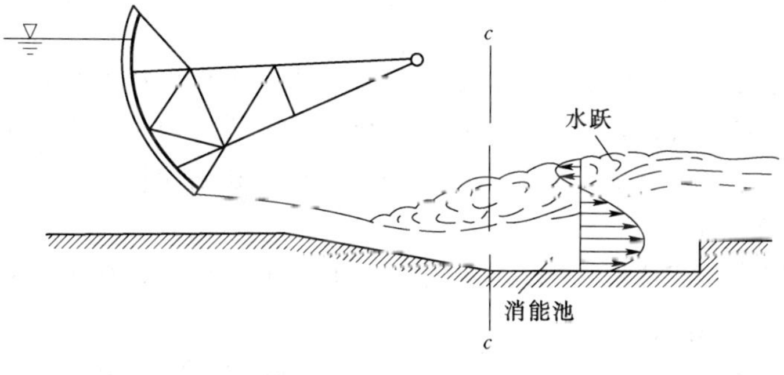

图 3－3　底流消能

3）面流消能。面流消能利用鼻坎将高速水流挑至尾水表面，在主流表面与河床之间形成反向旋滚，使高速水流与河床隔开，避免了对临近坝趾处河床的冲刷。由于表面主流沿水面逐渐扩散以及反向旋滚的作用，故产生消能效果，如图 3－4 所示。

面流消能适用于下游尾水较深（大于跃后水深），水位变幅不大，下泄流量变化范围不大，以及河床和两岸有较高抗冲能力的情况。它的缺点是对下游水位和下泄流

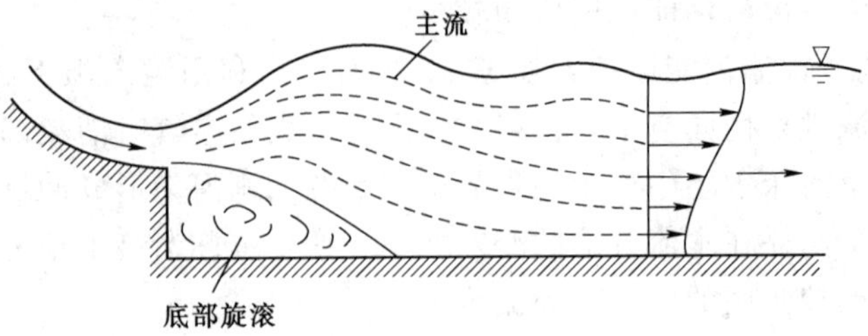

图3-4 面流消能

量变幅有严格的限制，下游水流波动较大，在较长距离内不够平稳，影响发电和航运。

4）消力戽消能。消力戽的构造类似于挑流消能设施，但其鼻坎潜没在水下，下泄水流在被鼻坎挑到水面（形成涌浪）的同时，还在消力戽内、消力戽下游的水流底部以及消力戽下游的水流表面形成3个旋滚，即“一浪三滚”。消力戽的作用主要在于使戽内的旋滚消耗大量能量；并将高速水流挑至水面，以减轻对河床的冲刷。消力戽下游的两个旋滚也有一定的消能作用。由于高速主流在水流表面，故不需做护坦，如图3-5所示。

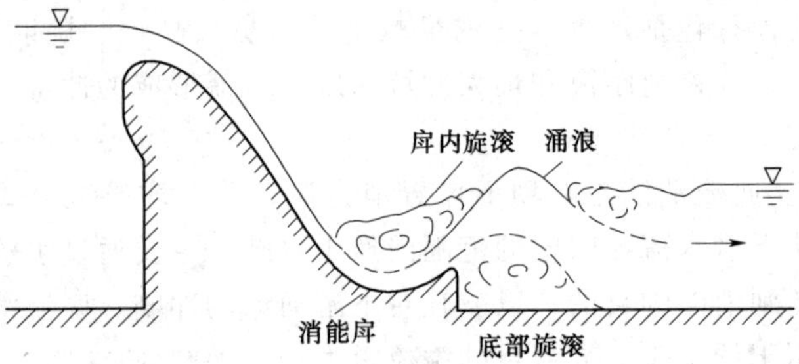

图3-5 消力戽消能

消力戽设计既要避免因下游水位过低出现自由挑流而造成严重冲刷，也需避免因下游水位过高，淹没太大，急流潜入河底淘刷坝脚。设计时可参考有关文献，针对不同流量进行水力计算，以确定反弧半径、鼻坎高度和挑射角度。

4. 溢流坝的布置

（1）溢流坝的上部结构。上部结构主要包括闸墩、闸门、启闭设备、工作桥和交通桥等，如图3-6所示。

1）闸墩的平面形状应使水流平顺，减少孔口的侧收缩。上游端常采用半圆形或椭圆形；下游端一般采用流线形，有时也采用半圆形或宽尾墩。

2）闸墩上游墩头可与坝体上游面齐平，也可外悬于坝顶，以满足上部结构布置的要求。

3）闸墩厚度与闸门型式有关。采用平面闸门时需要设门槽，工作闸门槽深0.5～2.0m、宽1～4m，门槽处的闸墩厚度不得小于1～1.5m，以保证有足够的强度。弧形闸门闸墩的最小厚度为1.5～2.0m。如果是缝墩，墩厚要增加0.5～1.0m。

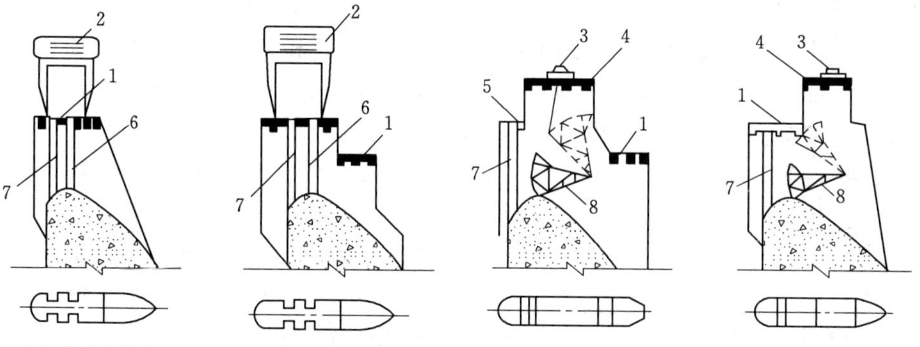

图 3-6　溢流坝上部结构布置
1—公路桥；2—门机；3—启闭机；4—工作桥；5—二便桥；
6—工作闸门槽；7—检修闸门槽；8—弧形闸门

由于闸墩较薄，需要配置受力钢筋和温度钢筋。

4）闸墩的长度和高度，应满足布置闸门、工作桥、交通桥和启闭机械的要求。平面闸门多用活动式启闭机，轨距一般在 10m 左右。弧形闸门一般采用固定式启闭机，要求闸门吊至溢流水面以上，工作桥应有相应的高度。交通桥则要求与非溢流坝坝顶齐平。为了改善水流条件，闸墩需向上游伸出一定长度，并将这部分做到溢流坝顶以下约一半堰顶水深处。

5）溢流坝两侧设边墩，一方面起闸墩的作用，另一方面也起分隔溢流坝与非溢流坝的作用。边墩从坝顶延伸到坝址，边墩高度由溢流水深决定，导墙应考虑溢流水面上由水流冲击波和掺气所引起的水深增高，一般高出水面 1～1.5m。当采用底流消能时，导墙需延长到消力池末端。当溢流坝与水电站并列时，导墙长度要延伸到厂房后一定的范围，以减少尾水对电站运行的影响。为防止温度裂缝，在导墙上每隔 15m 左右做一道伸缩缝。导墙顶厚 0.5～2.0m，下部厚度由结构计算确定。

6）闸门和启闭机，闸门分为工作闸门、检修闸门和事故闸门。工作闸门用来调节下泄流量，需要在动水中启闭，要求有较大的启门力；检修闸门用于短期挡水，以便对工作闸门、建筑物及机械设备进行检修，可在静水中启闭，启门力较小；事故闸门在建筑物或设备出现事故时紧急应用，要求能在动水中关闭孔口。工作闸门一般设在溢流堰顶，有时为了使溢流面更陡些，可将闸门设在靠近堰顶不远的下游处。检修闸门和工作闸门之间应留有 1～3m 的净距，以便进行检修。全部溢流孔常备有 1～2 个检修闸门，交替使用。

常用的工作闸门有平面闸门和弧形闸门。平面闸门的主要优点是结构简单，闸墩受力条件好，各孔口可以共用一个活动式启闭机；缺点是启门力较大，闸墩较厚。弧形闸门的主要优点是启门力较小，闸墩较薄，无门槽，水流平顺；缺点是闸墩较长，且受力条件较差。

检修闸门可以采用平面闸门、浮箱闸门、叠梁。

启闭机有活动式的和固定式的。活动式的多用于平面闸门，可以兼用于起吊工作闸门和检修闸门。固定式启闭机固定在工作桥上，多用于弧形闸门。

闸墩的作用是承受闸门传来的水压力，支撑工作桥和交通桥等，闸墩的长度和高度以满足上部结构布置的要求为准。为了改善水流条件，闸墩需向上游伸出一定长度，并将这部分做到溢流坝顶以下约一半堰顶水深处。

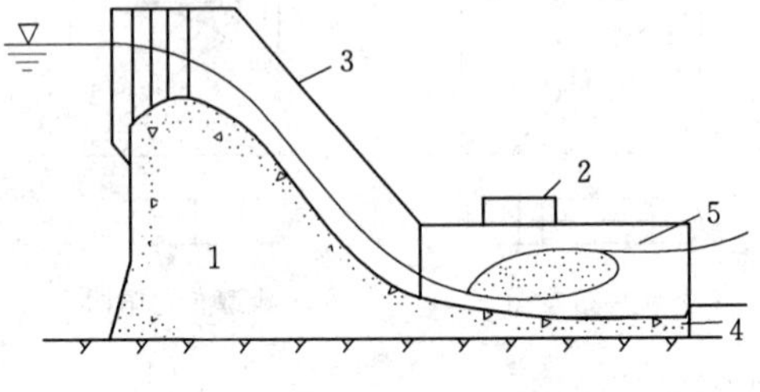

图3-7 边墩和导墙
1—溢流坝；2—水电站；3—边墩；4—护坦；5—导墙

（2）边墩和导墙。溢流坝两侧设边墩，一方面起闸墩的作用，另一方面也起分隔溢流段和非溢流段的作用，如图3-7所示。边墩从坝顶延伸到坝址，边墩高度由溢流水深决定，导墙应考虑溢流面上由水流冲击波和掺气所引起的水深增高。当溢流坝与水电站并列时，导墙长度要延伸到厂房后一定的范围，以减少尾水对电站运行的影响。

3.2 ℗
河岸溢洪道

任务3.2 河 岸 溢 洪 道

溢洪道是水利枢纽中的主要建筑物之一，承担着宣泄洪水、保护工程安全的重要作用。溢洪道可以与拦河坝相结合，做成既能挡水又能泄水的溢流坝形式；也可以在坝体以外的河岸上修建溢洪道。拦河坝是土石坝时，一般都采用河岸溢洪道；在薄拱坝或轻型支墩坝的水库枢纽中，当水头高、流量大时，也应以河岸溢洪道为主；在重力坝的水库枢纽中，当河谷狭窄，布置溢流和坝后电站有矛盾时，而河岸又有适于修建溢洪道的条件时，也应考虑修建河岸溢洪道。因此，河岸溢洪道的应用是很广泛的。

模块3.2.1 河岸溢洪道的类型

1. 按结构形式分类

溢洪道按结构形式，可分为正槽式溢洪道、侧槽式溢洪道、竖井式溢洪道和虹吸式溢洪道。

（1）正槽式溢洪道。堰上水流方向与泄槽中水流方向一致，其结构简单，施工方便，工作可靠，水流平顺，泄水能力大，如图3-8所示。

（2）侧槽式溢洪道。泄槽轴线与溢流堰轴线接近平行，即水流过堰后，在很短距离内转弯，再经泄槽泄入下游，如图3-9所示。

（3）竖井式溢洪道。它由进水喇叭口、渐变段、竖井、泄水隧洞和出口消能设施等组成。进水喇叭口是一个环形的溢流堰，水流过堰后，经竖井和泄水隧洞流入下游。工程中，泄水隧洞通常利用施工期的导流隧洞建成，在竖井与导流隧洞相交处以混凝土堵塞，形成平顺的弯道。

竖井式溢洪道的超泄能力小，且小流量时易产生振动和空蚀。因此，在我国应用较少。

（4）虹吸式溢洪道。它由进口段（又叫遮檐）、虹吸管、辅助设施、泄槽和消能

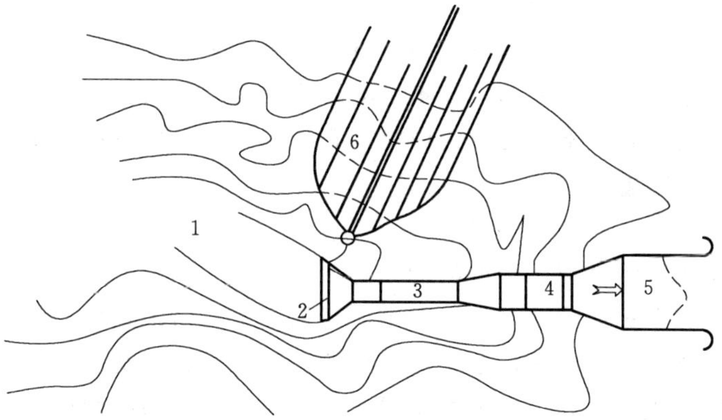

图3-8　正槽式溢洪道

1—引水渠；2—溢流堰；3—泄槽；4—出口消能端；5—尾水渠；6—土坝

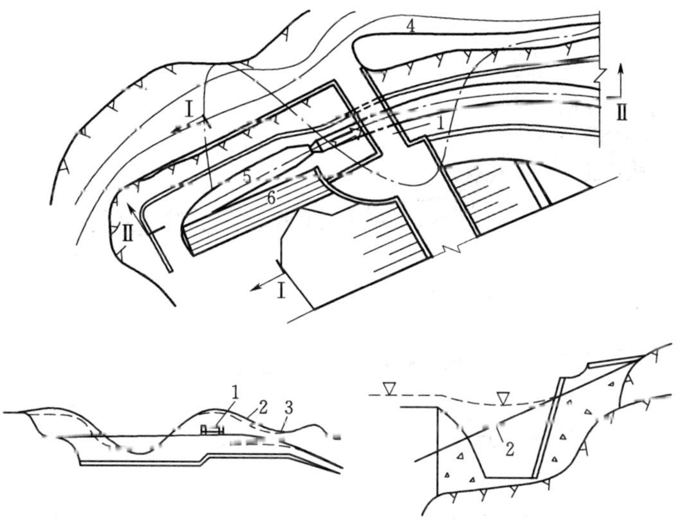

Ⅰ—Ⅰ剖面　　Ⅱ—Ⅱ剖面

图3-9　侧槽式溢洪道

1—公路桥；2—原地平线；3—岩石线；4—上坝公路；5—侧槽；6—溢流堰

工等部分组成。

2. 按设计标准分类

溢洪道按设计标准，可分为正常溢洪道和非常溢洪道。

（1）正常溢洪道。按设计洪水标准和校核洪水标准修建的永久性泄水建筑物。

（2）非常溢洪道。按最大可能洪水标准，在溢洪道的底板上加设自溃堤，在遭遇特大洪水、正常溢洪道宣泄不及时才启用，是一种保坝的重要措施。

模块3.2.2　河岸溢洪道的位置选择

河岸溢洪道位置的选择必须在充分掌握基本资料后，从地形、地质、水文、坝型、枢纽总体布置、施工、运行管理、工程总造价等方面进行比较，最后确定。

1. 地形条件

地形条件通常是决定溢洪道形式与布置的主要因素。

正槽式溢洪道一般布置在离大坝不远的岸边的马鞍形山垭口处，且高程在正常蓄水位附近，垭口后有长度不大的冲沟或溪沟直通原河道，出口远离下游坝脚；侧槽式溢洪道一般靠坝肩布置。

2. 地质条件

地质条件是决定溢洪道工程成败的关键因素。

溢洪道应布置在稳定的地基上，否则应当采用工程措施处理。当选择马鞍形山垭口建溢洪道时，要求两岸山坡稳定，山垭口的鞍部和后坡的基岩坚固、完整、防渗性好，这样可保证工程安全和节省溢洪道泄水槽混凝土衬砌的工程量。

模块 3.2.3 正槽式溢洪道

正槽式溢洪道一般由引水渠、控制堰、泄水槽、消能段和尾水渠五部分组成，如图 3-10 所示。

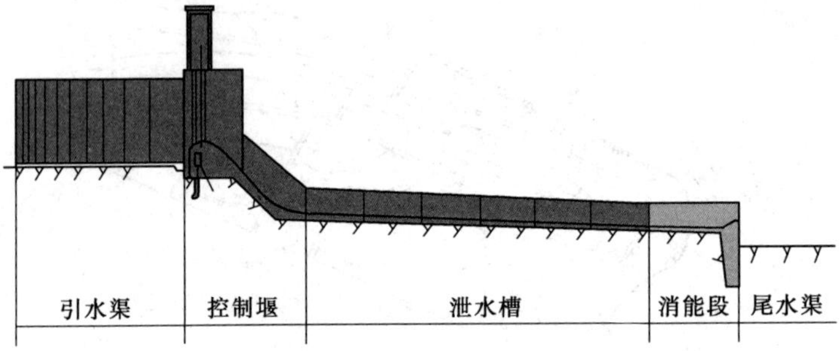

图 3-10 正槽式溢洪道

模块 3.2.4 河岸溢洪道的布置

1. 引水渠

作用：将库水平顺地引至控制段。

设计原则：在合理地开挖方量的前提下，尽量减小水头损失，以增加溢洪道的泄水能力。

(1) 平面布置。引水渠布置时，最好短且直，其轴线方向宜进水顺畅，如图 3-11 所示。

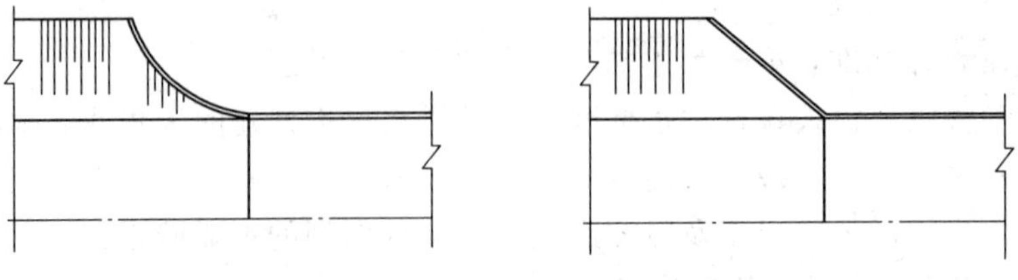

(a) 喇叭口形进口　　(b) 八字翼墙形进口

图 3-11 引水渠平面布置

引水渠进口处宜做成喇叭形，使水流逐渐收缩。中间部分若需设置弯道，其轴线的转弯半径不小于 4 倍渠底宽度，为保证水流正向进入溢流堰，弯道与控制堰间宜设置直线段，直线段长度不小于 2 倍堰上水头。

（2）横断面。引水渠的横断面可做成梯形，应有足够大的尺寸，一定要大于溢流堰的过水断面，以降低流速、减小水头损失。横断面的侧坡根据稳定性要求确定。

为了减小糙率和防止冲刷，引水渠宜做衬砌，衬砌厚度为 0.2～0.4m。较好岩基上的进水渠可不做衬砌，但应开挖整齐。

（3）纵断面。引水渠的纵断面应做成平底或底坡不大的逆坡。

当溢流堰为实用堰时，渠底在溢流堰处宜低于堰顶至少 $0.5H_d$（H_d 为堰面定型设计水头），以保证堰顶水流稳定和具有较大的流量；当溢流堰为宽顶堰时，则无此要求。

2. 控制段

控制段包括溢流堰和两侧连接建筑。溢流堰是下泄库水的口门，是溢洪道控制水库水位和下泄流量的关键部位，又称为控制堰。

（1）位置。控制段位于溢洪道纵断面的最高点。平面上，常设于坝轴线附近，以利于上坝交通的布置，同时还应注意使整个溢洪道的工程量最少。

（2）设计的基本要求。控制段设计的基本要求是溢流堰的孔口尺寸必须具有足够的泄水能力。

（3）堰型选择。溢洪道常用的堰型有宽顶堰和实用堰两种，如图 3－12 所示。

1）宽顶堰。宽顶堰的特点是结构简单、施工方便，但流量系数较小（0.32～0.385），在垭口地面高程稍高于正常蓄水位、地面平缓、泄量小的工程中应用广泛。

2）实用堰。实用堰由于其流量系数较大，在相同泄量条件下，需要的溢流前缘比宽顶堰短，在实际工程中应用广泛，尤其适用在山垭口狭窄的情况。

实用堰分为高堰和低堰，河岸溢洪道中的实用堰多为低堰。当实用堰堰面曲线采用驼峰形时，又称为驼峰堰，如图 3－12（c）所示。

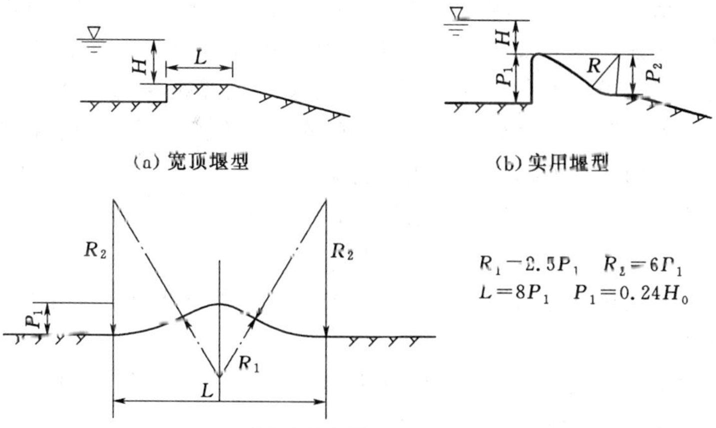

(a) 宽顶堰型　(b) 实用堰型

(c) 驼峰堰型

图 3－12　溢洪道上常用的堰型

3）带胸墙的实用堰。带胸墙的实用堰，由于设有胸墙，堰顶高程较低，在库水位较低时即可泄流，但超泄能力不如开敞式实用堰。

（4）堰面曲线的选择。实用堰的堰面曲线对泄流能力的影响很大，通常采用WES幂曲线，此时流量系数最大。当堰身建在软弱地基上时，也会采用驼峰形的堰面曲线，此时流量系数虽有所降低，但仍比宽顶堰大。驼峰堰堰身较宽，地基应力较为均匀，设计和施工也较为简单。

3. 泄水槽

（1）平面布置。在平面上应尽可能布置成直线、等宽断面，尽量避免转弯和变断面，以使水流平顺。在实际工程中，当溢流堰前缘较宽而泄水槽又较长时，为减少开挖方量，常在泄水槽前端设置收缩段，减小单宽流量，在泄水槽末端设置扩散段。

（2）纵剖面布置。为了节省开挖方量，泄水槽的纵坡通常是随地形、地质条件而变化。考虑到水流平顺和便于施工，坡度变化不宜太大。实践表明，坡度由陡到缓时，泄水槽极易遭到动水压力的破坏，应尽量避免。槽底的纵坡一般大于临界坡度，常用1%～5%，有时可达10%～15%，在坚硬的岩基上可以更大。实践中有用到1∶1的。

（3）横断面。尽可能做成矩形并加以衬砌。当地基为坚硬岩石时，也可考虑不做衬砌。土基上的泄水断面可以做成梯形，但边坡不宜太缓，以免水流外溢。

（4）弯道设计。弯曲段通常采用圆弧曲线，弯曲半径应大于10倍槽深。弯曲段水流流态复杂，受离心力作用导致外侧水面高、内侧水面低，断面内的流量分布也不均匀，再加上边墙转折使水流改变方向，还会产生冲击波。弯道设计主要在于采取合理的布置，使断面内的水流均匀，同时采取措施，以消除或抑制冲击波。

（5）边墙高度的确定。边墙的主要作用是保护墙后山体免受槽内水流的冲刷，同时也起到挡土墙的作用。边墙高度根据水深并考虑冲击波、弯道及水流掺气的影响，再加一定的超高来确定。

（6）泄槽的衬砌。为防止槽内水流冲刷地基、降低槽内的糙率系数，泄槽常需要衬砌。国内外总结了溢洪道衬砌破坏的经验，认为动水压力是泄槽衬砌破坏的主要外因。因此，为了保证衬砌的安全，设计施工中必须对衬砌的光滑平整、分缝、止水、排水、厚度与锚固给予足够的重视。要求：衬砌表面光滑平整，不致引起负压和空蚀；混凝土衬砌需设置纵、横缝，分缝宜错缝布置，分缝有平接缝、搭接缝和键槽缝等形式；为减小衬砌底板的扬压力，需在衬砌下设置排水系统；衬砌厚度参考类似工程拟定，只要地基可以实施锚筋加固，衬砌即采用锚筋加固，甚至考虑在地基中设置锚筋桩。

岩基上泄槽槽底衬砌可以用混凝土、水泥浆砌石条或块石，以及石灰浆砌块石水泥浆勾缝等形式。

土基上泄槽衬砌通常采用钢筋混凝土衬砌。衬砌厚度比岩基上的大，通常为0.3～0.5m，双向配筋，配筋率为0.1%。

（7）出口消能段和尾水渠。溢洪道的消能形式有挑流、底流、面流、戽流消能等，应根据地形、地质条件、河床水深，结合其他建筑物的布置等条件综合考虑后确

定合理的消能形式。一般底流消能适用于地质条件较差或溢洪道出口距坝较近的情况，挑流消能适用于较好的基岩或挑流冲刷坑不影响建筑物安全的情况，挑流坎的形式有重力式和衬砌式两种。

尾水渠的作用是使消能后的水流平归河。尾水渠轴线与下游河道夹角应尽可能地小，尽量利用天然冲沟。当溢洪道的消能设施与下游河道距离很近时，不需设置尾水渠。

模块 3.2.5　侧槽式溢洪道

当两岸山坡陡峭且无适当的山谷垭口时，宜采用侧槽溢洪道。

侧槽溢洪道主要由溢流堰、侧槽、泄槽、消能设施和出水渠组成。除侧槽外，其他部分与正槽式溢洪道相同，因此，本节主要介绍侧槽设计的有关问题。

1. 侧槽横断面

侧槽横断面宜做成窄深式。一方面，槽中水深较大时，可使侧向进水充分掺混，转向后形成平稳的流态；另一方面，窄深断面的开挖方量比宽浅断面的少，可节省工程量。

侧槽横断面的大小应根据流量通过计算确定。由于侧槽内的流量沿程不断增加，因此，侧槽底宽应沿水流方向逐渐增大。侧槽始端宽应满足施工要求的最小值，末端宽度一般与泄槽底同宽。

2. 侧槽的纵剖面

(1) 槽底坡度。为使槽内水流平稳均匀，槽底纵坡宜较平缓，使水流处于缓流状态。若槽底纵坡过缓，会使侧槽上游段的水面壅高过多而影响过堰流量；若槽底纵坡过陡，又会增加侧槽下游段的开挖深度。因此，尽量使槽底纵坡近似于水面线，水流则平稳均匀。初步拟定时，底坡 i 可采用 0.01～0.05。

(2) 槽底高程。确定槽底高程的原则：在确保溢流堰为非淹没堰的条件下，尽量采用较高的槽底以减小开挖方量。试验研究表明，若槽内水面线在侧槽始端最高点处超出溢流堰的高度但不超过堰顶水头的 1/2 时，可认为对整个溢流堰来说是非淹没的。

3. 侧槽式溢洪道的水力计算

当已知设计流量、侧槽溢流前缘长度、堰顶高程和堰上水头时，可按下述步骤对侧槽的水面曲线及渠底高程进行计算。

(1) 拟定侧槽尺寸。

(2) 选定侧槽末端水深。

(3) 计算槽内各断面水位差。

(4) 确定槽底高程。

思　考　题

3-1　什么是泄水建筑物？泄水建筑物根据位置不同分为哪两类？

3-2　河岸溢洪道有哪些形式？

3-3　正槽式溢洪道有哪几个组成部分？

3-4　正槽式溢洪道和侧槽式溢洪道适应的河岸地形条件有何区别？

项目4 灌区建筑物

任务4.1 灌 区 系 统

4.1 ℗

灌区系统

模块4.1.1 渠系建筑物的分类

渠系建筑物按其作用可分为以下几类。

（1）渠道。是指为农田灌溉、水力发电、工业及生活输水用的、具有自由水面的人工水道。一个灌区内的灌溉或排水渠道，一般分为干、支、斗、农四级，构成渠道系统，简称渠系。

（2）调节及配水建筑物。用以调节水位和分配流量，如节制闸、分水闸等。

（3）交叉建筑物。渠道与山谷、河流、道路、山岭等相交时所修建的建筑物，如渡槽、倒虹吸管、涵洞等。

（4）落差建筑物。在渠道落差集中处修建的建筑物，如跌水、陡坡等。

（5）泄水建筑物。为保护渠道及建筑物安全或进行维修，用以放空渠水的建筑物，如泄水闸、虹吸泄洪道等。

（6）冲沙和沉沙建筑物。为防止和减少渠道淤积，在渠首或渠系中设置的冲沙和沉沙设施，如冲沙闸、沉沙池等。

（7）量水建筑物。用以计量输配水量的设施，如量水堰、量水管嘴等。

渠系中的建筑物，一般规模不大，但数量多，总的工程量和造价在整个工程中所占比重较大。为此，应尽量简化结构，改进设计和施工，以节约原材料和劳力、降低工程造价。

模块4.1.2 渠系建筑物的布置原则

渠系建筑物的布置原则可以概括如下。

（1）布局合理、效益最佳。

（2）运行安全，保证需求。

（3）联合修建，形成枢纽。

（4）独立取水，便于管理。

（5）交通方便，便于生产。

模块4.1.3 渠系建筑物的特点

（1）量大面广，总投资多。

（2）同一类型建筑物的工作条件、结构型式、构造尺寸较为近似。因此，对其体型结构的合理设计具有十分重要的经济意义。

（3）受地形环境影响大。

模块 4.1.4　渠道的布置

（1）地形条件。在平原地区，渠道路线最好是直线。在山坡地区，渠线应尽量沿等高线方向布置，以免过大的挖填方量。

（2）地质条件。渠道线路应尽量避开渗漏严重、流沙、泥泽、滑坡以及开挖困难的岩层地带。

（3）施工条件。施工时的交通运输、水和动力供应、机械施工场地、取土和弃土的位置等条件。

（4）管理要求。渠道布置要和行政区划与土地利用规划相结合，以便于管理和维护。

模块 4.1.5　渠道的纵横断面设计

1. 渠道横断面

（1）渠道横断面尺寸，应根据水力计算确定。

（2）渠道横断面的形状常用梯形，便于施工，并能保持渠道边坡的稳定。

2. 渠道的纵断面

根据灌溉水位要求确定渠道纵断面的空间位置。

任务 4.2　水　　闸

4.2 Ⓟ
水闸

模块 4.2.1　水闸类型

水闸是控制水位和调节流量的低水头水工建筑物，具有挡水和泄水双重作用，可按照其功能作用和结构型式划分类型。

1. 水闸按所承担的主要任务分类

可分为节制闸、进水闸、冲沙闸、分洪闸、挡潮闸、排水闸等，如图 4－1 所示。

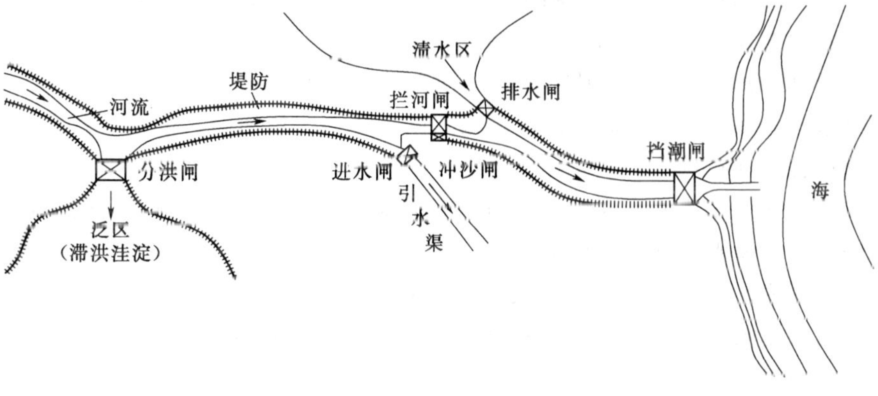

图 4－1　水闸类型示意图

（1）进水闸（取水闸）。建在天然河道、水库、湖泊的岸边及渠道的首部，用于引水，并控制引水流量，以满足发电或供水的需要。

（2）节制闸。灌溉渠系中的节制闸一般建于干、支、斗渠分水口的下游。拦河而

甚至断裂，影响水闸正常使用。因此，设计时必须合理选择闸型和构造，安排好施工程序及采取必要的地基处理措施等，以减小地基沉陷。

2. 水闸的设计内容

包括闸址选择，确定孔口形式和尺寸，防渗、排水设计，消能防冲设计，稳定计算，沉降校核和地基处理，选择两岸连接建筑物的形式和尺寸，结构设计等。

模块 4.2.4　水闸闸室底板

闸室底板形式可根据地基、泄流等条件进行选用。布置形式取决于上部结构布置并满足结构强度和抗滑稳定要求。通常有平底板、低堰底板及折线底板。开敞式闸室结构的底板按照闸墩与底板的连接方式又可分为整体式和分离式两种。涵洞式和双层式闸室结构不宜采用分离式，如图 4-4 所示。

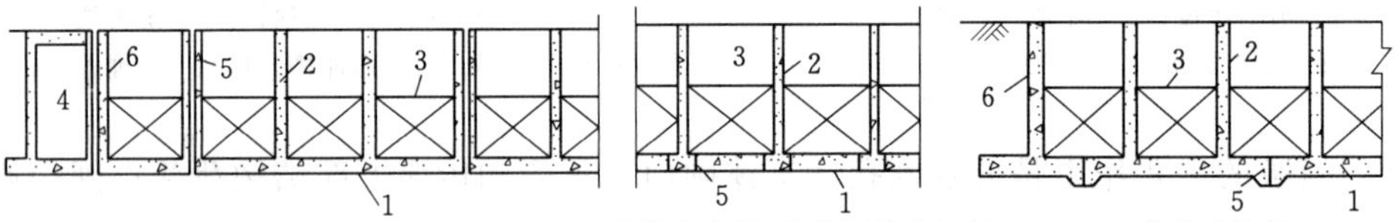

(a) 整体式底板(缝在闸墩中间)　(b) 整体式底板(缝在闸孔底板间)　(c) 分离式底板

图 4-4　整体式、分离式平底板

1—底板；2—闸墩；3—闸门；4—空箱式岸墙；5—温度沉陷缝；6—边墩

1. 底板类型

(1) 整体式底板。当闸墩与底板浇筑或砌筑成整体时，称为整体式底板。对于孔数多、宽度较大的水闸，为了适应地基不均匀沉陷和温度变化的需要，在顺水流方向设永久缝将底板分成若干闸段，每个闸段一般由 2～4 个完整的闸孔组成，靠近岸墙的闸段，考虑到边荷载的影响，宜为单孔。缝距一般不超过 20m（岩基）或 35m（土基），缝宽 2～3cm，缝中应设止水。

将缝设在闸墩中间时，为缝墩式闸室，如图 4-4（a）所示。其优点是闸室结构整体性好，缝间闸段各自独立，各闸段间有不均匀沉陷时，水闸仍能正常工作，且具有较好的抗震性能。缺点是缝墩施工工期较长，且比其他中墩厚。当缝墩较多时，其将增加工程量和施工难度。这种底板适用于地质条件较差的地基或地震区。

如果地基条件较好，相邻闸段不致出现不均匀沉降的情况下，也可将缝设在闸孔底板中间，如图 4-4（b）所示。

(2) 分离式底板。在闸墩附近设缝，将闸室底板与闸墩断开的称为分离式底板，如图 4-4（c）所示。缝中设止水。其闸室上部结构的重量将直接由闸墩或连同部分底板传给地基。闸孔部分底板仅起防冲、防渗和稳定的作用，其厚度根据自身稳定的需要确定。优点是可缩短工期，减小闸的总宽度，工程量小。缺点是底板接缝较多，闸室结构的整体性较差，给止水防渗和浇筑分块带来不利和麻烦，且不均匀沉陷将影响闸门启闭，故对地基要求较高。这种底板适用于地质条件较好、承载能力较大的地基。

2. 底板长度及底板厚度

(1) 底板顺水流方向的长度。根据闸室地基条件、上部结构布置、满足闸室整体闸门槽之间的净距不宜小于1.5m。当设有两道检修闸门槽时，闸墩和底板必须满足检修期的结构强度要求。胸墙与检修门槽之间也应留足1.0m以上的间距。

2. 胸墙

(1) 作用：减少闸的高度，减轻立门重和降低对启闭机重量的要求。

(2) 材料：混凝土。

(3) 结构：板、板梁。

(4) 高程。胸墙顶宜与闸顶齐平。

胸墙底部高程应根据孔口流量要求计算确定。为使过闸水流平顺，胸墙上游面底部宜做成流线形。对于受风浪冲击力较大的水闸，胸墙上应留有足够的排气孔。

(5) 胸墙与闸墩的连接方式，有简支式和固接式，如图4-5所示。

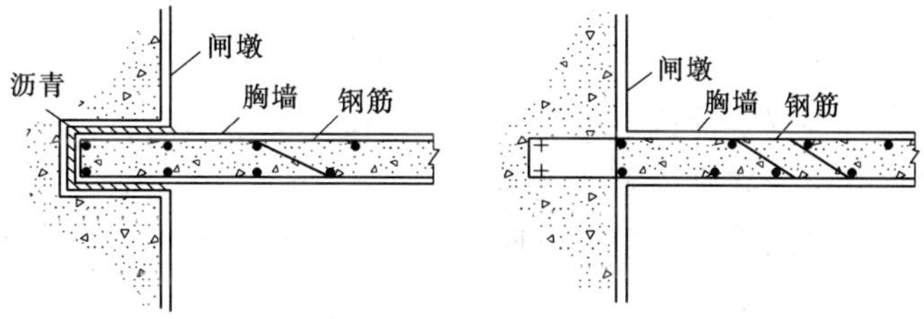

图4-5 胸墙的支撑型式

简支式胸墙与闸墩分开浇筑，缝间涂沥青；也可将预制墙体插入闸墩预留槽内，成为活动胸墙。其优点是可避免在闸墩附近迎水面出现裂缝，但断面尺寸较大。固接式胸墙与闸墩整浇在一起，胸墙钢筋伸入闸墩内，形成刚性连接。其优点是断面尺寸小，可增强闸室的整体性，但受温度变化和闸墩变位的影响，易在胸墙支点附近的迎水面产生裂缝。整体式底板可用固接式，分离式底板多用简支式。

(6) 位置。胸墙相对于闸门的位置取决于闸门的型式。

弧形闸门：胸墙设在闸门上游侧；平面闸门：胸墙可设在闸门上游侧，也可设在闸门下游侧。一般情况下，大中型水闸的胸墙可设在闸门前，因门顶上无水重，可减小启门力；小型水闸的胸墙设在闸门的下游侧，除便于止水外，还可利用门顶上水重增加闸室的稳定。

模块4.2.6 工作桥、交通桥

1. 工作桥

为了安装启闭设备和便于工作人员操作的需要，通常在闸墩上设置。桥的位置由启闭设备、闸门类型及其布置和启闭方式而定。如桥面很高时也可在闸墩上部另建支柱或排架来支承工作桥，以减小闸墩高度，节省材料。

(1) 工作桥的高程。其与闸门和启闭设备的形式、闸门高度有关，一般应使闸门开启后，门底高于上游最高水位，以免阻碍过闸水流。同时要有利于将闸门从闸孔中取出检修。

(2) 工作桥高度。

1) 对于平面直升门。若采用固定启闭设备，桥的高度（即横梁底部高程与底板稳定和地基允许承载力等要求来确定。初步拟定时，可参考已建工程的经验数据选定。地基为碎石土和砾（卵）石，取（1.5～2.5）H；砂土和砂壤土，取（2.0～3.5）H；粉质壤土和壤土，取（2.0～4.0）H；黏土，取（2.5～4.5）H（H 为水闸上、下游最大水位差）。

（2）底板厚度。底板厚度必须满足强度和刚度的要求，应具有足够的整体性、坚固性、抗渗性和耐久性。对大中型水闸，平底板厚度可取为闸孔净宽的1/8～1/6，一般为1.0～2.0m，最薄不小于0.7m；对小型水闸，不宜小于0.3m。闸室底板还通常采用钢筋混凝土结构，小型水闸底板也可采用混凝土浇筑。常用的强度等级为C15、C20。

模块 4.2.5 闸墩与胸墙

1. 闸墩

（1）作用。分隔闸孔，支承闸以及上部结构。

（2）结构型式。根据抗滑稳定性和闸墩纵向刚度要求确定。一般宜采用实体式。

（3）材料。混凝土或浆砌块石。

（4）外形轮廓。过闸水流平顺，侧向收缩小，过流能力大。分方形、三角形、半圆形、流线形。

（5）闸墩顶部高程。上游高出最高水位并有一定超高。

闸墩顶高程一般指闸室胸墙或闸门挡水线上游闸墩和岸墙的顶部高程，应满足挡水和泄水两种运用情况的要求。挡水时，闸顶高程不应低于水闸正常蓄水位（或最高挡水位）与波浪计算高度与相应安全超高值之和；泄水时，不应低于设计洪水位（或校核洪水位）与相应安全超高值之和。

此外，确定闸顶高程时，还应考虑闸室沉降、闸前河渠淤积、潮水位壅高等的影响以及在防洪大堤上的水闸闸顶高程应不低于两侧堤顶高程。下游部分的闸顶高程可适当降低，但应保证下游的交通桥底部高出泄洪水位0.5m以上及桥面能与闸室两岸道路衔接。

（6）闸墩的长度。取决于上部结构布置和闸门的型式，一般与底板等长或稍短于底板。通常弧形闸门的闸墩长度比平面闸门的闸墩长。

（7）闸墩厚度。从材料方面考虑，一般混凝土闸墩厚1.0～1.6m，少筋混凝土闸墩厚0.9～1.4m，钢筋混凝土闸墩厚0.7～1.2m，浆砌石闸墩厚0.8～1.5m。从门型方面考虑，平面闸门：闸墩厚度主要受门槽深度控制，闸墩在门槽处的最小厚度主要是根据结构强度和刚度的需要确定，一般不宜小于0.4m；弧形闸门：闸墩因没有门槽，可采用较小的厚度。兼作岸墙的边闸墩还应考虑承受侧向土压力的作用，其厚度应根据结构抗滑稳定性能和结构强度的需要计算确定。

（8）门槽的尺寸和布置。平面闸门的门槽尺寸取决于闸门尺寸和支承形式。

工作闸门门槽：槽深一般不小于0.3m，宽0.5～1.0m，最优宽深比宜取1.6～1.8。

检修门槽：深一般为0.15～0.25m，宽0.15～0.3m。

为了满足闸门安装与维修的要求，方便启闭机的布置与运行，检修闸门槽与工作高程的差值）约为门高的两倍加上 1.0～1.5m 的富裕高度；若采用活动式启闭设备，则桥高可以低些，但也应大于 1.7 倍的闸门高度。

2）对于弧形闸门及升卧式平面闸门。工作桥高度可以降低很多，具体应视工作桥的位置及闸门吊点位置等条件而定。

（3）工作桥的宽度。小型水闸在 2.0～2.5m 之间，大中型水闸在 2.5～4.5m 之间。

2. 交通桥

建闸后，为便于行人或车辆通行，通常也在闸墩上设置交通桥。交通桥的位置应根据闸室稳定及两岸交通连接的需要而定，一般布置在闸墩的下游侧。

工作桥、交通桥可根据闸孔孔径、闸门启闭机形式及容量、设计荷载标准等具体条件来选用板式、梁板式或板拱式，其与闸墩的连接形式应与底板分缝位置及胸墙支承形式统一考虑。有条件时，可采用预制构件，现场吊装。工作桥、交通桥的梁（板）底高程均应高出最高洪水位 0.5m 以上；如果有流冰，则应高出流冰面 0.2m。

模块 4.2.7　闸门与启闭机

1. 闸门

闸门是水闸的一个重要组成部分，其作用是控制水位、调节流量及通航、过木、排砂等。闸门设计应满足安全经济、操作灵活、止水可靠及过水平顺等性能，并且应尽量避免闸门产生空蚀和振动现象。

（1）闸门的组成。由活动部分、埋固部分和悬吊设备三部分组成。

活动部分：面板、梁格系统组成的门体结构；埋固部分：预埋在闸墩和胸墙等结构内部的固定构件；悬吊设备：悬吊设备是指连接闸门和启闭设备的拉杆或牵引索等。

（2）闸门的分类与选型。

1）闸门按结构型式，可分为平面闸门、弧形闸门。

a. 平面闸门。按提升方式可分为直升式和升卧式两种，为直升式平面闸门和升卧式平面闸门。

4.3 ℗
弧形闸门

直升式平面闸门的优点：门体结构简单，可吊出孔口进行检修，所用闸墩长度较短，也便于采用移动式启闭机；缺点：闸门的启闭力较大，工作桥较高，门槽处也易发生空蚀现象。这种闸门形式应用很普遍，如图 4－6 所示。

升卧式平面闸门：提升时，先沿铅垂轨道直升，再在自重和吊绳组成的倾翻力矩作用下继续沿弧形轨和斜轨逐步向下游或上游倾翻，最后全开时闸门平卧在闸墩顶部。其优点：工作桥高度小，可以降低造价，提高抗震性能；缺点：由于闸门的吊点一般设在闸门底部的上游一侧，长期浸入水中，易于锈蚀，且闸门除锈涂漆也较困难，如图 4－7 所示。

b. 弧形闸门。弧形闸门的挡水面板是圆弧面，启闭时绕位于弧形挡水面圆心处的支承铰转动。闸门上的总水压力通过转动中心，对闸门的启闭不产生阻力矩，故启门力小，应用较广。同时，由于弧形闸门不设门槽，不影响孔口水流状态，且所需闸墩厚度较小，但闸墩较长，且受到侧向推力的作用，如图 4－8 所示。

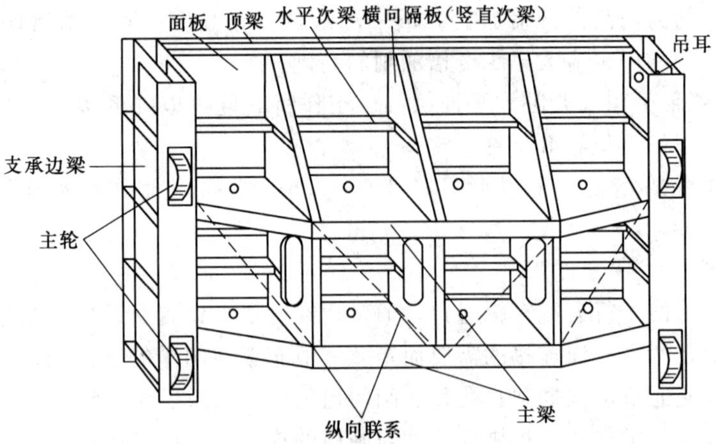

图4-6 直升式平面闸门门叶结构布置

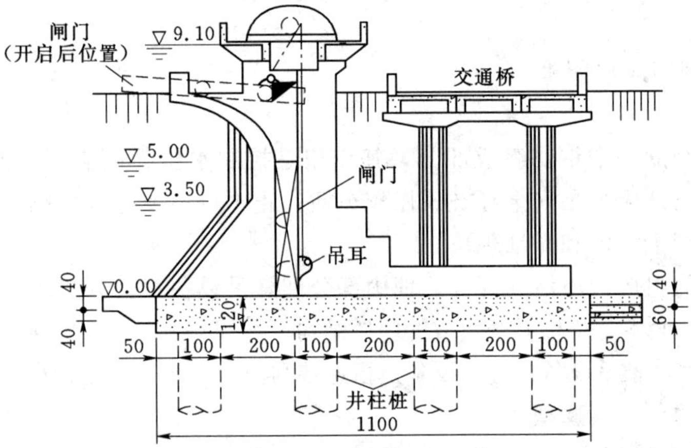

图4-7 升卧式平面闸门(单位:cm)

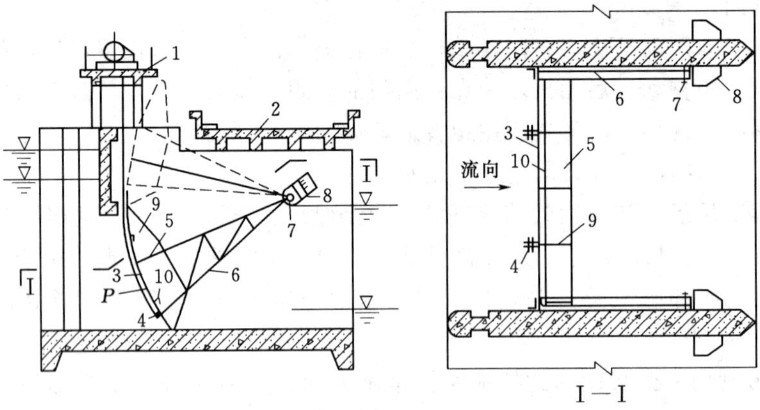

图4-8 卷扬式启闭机的弧形闸门结构布置

1—工作桥;2—公路桥;3—面板;4—吊耳;5—主梁;6—支臂;
7—支铰;8—牛腿;9—竖隔板;10—水平次梁

2）闸门按工作性质，分为工作闸门、检修闸门和事故闸门。水闸一般只设工作闸门和检修闸门。工作闸门用以控制孔口、调节水位和流量，要求其在动水中启闭；检修闸门是当工作闸门、门槽或门坎等检修时，临时挡水的闸门，通常在平压静水中启闭。

3）闸门按所用材料，分为钢闸门、钢筋混凝土及钢丝网水泥闸门、钢木混合结构闸门、木闸门和铸铁闸门等。钢闸门具有自重轻、工作可靠的优点，在大中型水闸中应用广泛。钢筋混凝土及钢丝网水泥闸门和铸铁闸门可节约钢材，但自重较大，增加了启闭设备的造价，且耐久性或韧性较差，一般只用于小型水闸。木闸门和钢木混合闸门因其寿命短，并需要经常维护检修，目前已很少采用。

另外，当闸门关闭，闸门顶高于上游水位时，称其为露顶闸门，否则称其为潜孔闸门。露顶式闸门顶部应在可能出现的最高挡水位以上有0.3～0.5m的超高。对胸墙式水闸，闸门高度根据构造要求稍高于孔口即可。闸门的结构选型应根据其受力情况、控制运用要求、制作、运输、安装、维修条件等，结合闸室结构布置等合理选定。

2. 启闭机

启闭机分为固定式和移动式两种。常用的固定式分为卷扬式、螺杆式和油压式；移动式一般分为门架式和桥式。

启闭机的形式应根据门型、尺寸及其运用条件等因素选定。所选用启闭机的启闭力应不小于计算的启闭力，同时应符合国家现行的《水利水电工程闸门启闭机设计规范》（SL 41—93）所规定的启闭机系列标准。若要求短时间内全部均匀开启或多孔闸门启闭频繁时，每孔应设一台固定式启闭机。

（1）固定卷扬式启闭机。固定卷扬式启闭机主要由电动机、减速箱、传动轴和绳鼓所组成。启闭闸门时，通过电动机、减速箱和传动轴使绳鼓转动，进而钢丝绳牵引闸门升降，并通过滑轮组的作用，使用较小的钢丝绳拉力，便可获得较大启门力。固定卷扬式启闭机适用于闭门时不需施加压力，且要求在短时间内全部开启的闸门。一般每孔布置一台，见图4-9。

（2）螺杆式启闭机。螺杆式启闭机主要由摇柄、主机和螺杆组成。利用机械或人力转动主机，使螺杆连同闸门上下移动，从而启闭闸门。其优点是结构简单、使用方便，价格较低且易于制造；缺点是启闭速度慢，启闭力小，一般用于小型水闸。当水压力较大，门重不足时，可通过螺杆对闸门施加压力，以便使闸门关闭到底。当螺杆长度较大（如大于3m）时，可在胸墙上每隔一定距离设支承套环，以防止螺杆受压失稳，见图4-10。

（3）油压式启闭机。油压式启闭机主体由油缸和活塞两部分组成。活塞经活塞杆或连杆和闸门连接，改变油管中的压力即可使活塞带动闸门升降。油压式启闭机的优点是利用液压原理，可以用较小的动力获得很大的启门力；液压传动比较平稳和安全（有溢流阀，超载时起自动保护作用）；机体体积小，重量轻，当闸孔较多时可以降低机房、管路及工作桥的工程造价；较易实现遥测、遥控和自动化。其主要缺点是对金属加工条件要求较高，质量不易保证，造价较高。同时设计选用时要注意解决闸门起吊同步的问题；否则会发生闸门歪斜卡阻的现象。

木料，又不需要较多的钢筋，适用于修建大跨径渡槽。

3. 槽址选择

(1) 应结合渠道线路布置，尽量利用有利的地形、地质条件，以便缩短槽身长度，减少基础工程量，降低墩架高度。

(2) 槽轴线力求短直，进出口要避免急转弯并力求布置在挖方渠道上。

(3) 跨越河流的渡槽，槽轴线应与河道水流方向正交，槽址应位于河床及岸坡稳定、水流顺直的地段，避免选在河流转弯处。

(4) 少占耕地，少拆迁民房，并尽可能有较宽敞的施工场地，争取靠近建筑材料产地，以便就地取材。

(5) 交通方便，水电供应条件较好，有利于管理维修。

4. 渡槽选型

(1) 地形、地质条件。地形平坦、槽高不大时，一般采用梁式渡槽，施工与吊装均比较方便；对于窄深的山谷地形，当两岸地质条件较好，有足够的强度与稳定性时，宜建大跨度拱式渡槽，避免很高的中间墩架；地形、地质条件比较复杂时，应做具体分析。

(2) 建筑材料。建筑材料方面，应贯彻就地取材和因材设计的原则，结合地形地质及施工等其他条件，采用经济合理的结构型式。

(3) 施工条件。应尽可能采用预制构件进行装配的结构型式，以加快施工速度、节省劳力。同一渠系有几个渡槽时，应尽量采用同一种结构型式。

模块 4.3.2 渡槽的总体布置

1. 渡槽总体布置的基本要求

流量、水位满足灌区需要；槽身长度短，基础、岸坡稳定，结构选型合理；进出口顺直通畅，避免填方接头；少占农田，交通方便，就地取材等。

总体布置的步骤，一般是先根据规划阶段初选槽址和设计任务，在一定范围内进行调查和勘探工作，取得较为全面的地形、地质、水文、气象、建筑材料、交通要求、施工条件、运用管理要求等基本资料，然后在全面分析基本资料的基础上，按照总体布置的基本要求，提出几个布置方案，经过技术经济比较，选择最优方案。

2. 进、出口段布置

(1) 平流段。进出口前后的渠道上应有一定长度的直线段。渡槽进出口渠道的直线段与槽身连接，在平面布置上要避免急剧转弯，防止水流条件恶化，影响正常输水，造成冲刷现象，对于流量较大、坡度较陡的渡槽，尤其要注意这一问题。

(2) 渐变段。渠道与渡槽的过水断面，在形状和尺寸上均不相同，为使水流平顺衔接，渡槽进出口均需设置渐变段。渐变段的形状以扭曲面形式水流条件较好，应用较多；八字墙式施工简单，小型渡槽使用较多。

(3) 护底与护坡。设置护底与护坡，防止冲刷。

3. 基础布置

渡槽基础的类型较多，根据埋置深度可分为浅基础及深基础，埋置深度大于5m时为深基础。应结合渡槽型式选定基础结构的型式，基础结构的布置尺寸须在槽墩或槽架布置的基础上确定。对于浅基础，基底面高程（或埋置深度）应根据地形、地质等条件选定。

（1）冰冻地区。基底面埋入冰冻层以下不少于0.3m，以免因冰冻而降低地基承载力。

（2）耕作区。耕作地内的基础，基顶面以上至少要留有0.5～0.8m的覆盖层，以利耕作。

（3）软弱地基上。基础埋置深度一般为1.5～2.0m。如果地基的允许承载力较低时，可采取增加埋深或加大基底面尺寸的办法以满足地基承载力的要求。当上层地基土的承载能力大于下层时，宜利用上层土作持力层，但基底面以下的持力层厚度应不小于1.0m。

（4）坡地上的基础。基底面应全部置于稳定坡线之下，并应削除不稳定的坡土和岩石以保证工程的安全。河槽中受到水流冲刷的基础，基顶面应埋入最大冲刷深度之下以免基底受到淘刷危及工程的安全。对于深基础，计算的入土深度应从稳定坡线、耕作层深、最大冲刷深度等处算起，以确保深基础的承载能力。最大冲刷深度的计算可参考有关书籍和资料。

任务4.4　倒　虹　吸　管

4.5 Ⓟ
倒虹吸

倒虹吸管是设置在渠道与河流、山沟、谷地、道路等相交处的压力输水建筑物（图4-13）。它与渡槽相比，具有造价低、施工方便的优点，但水头损失较大，运行管理不如渡槽方便。

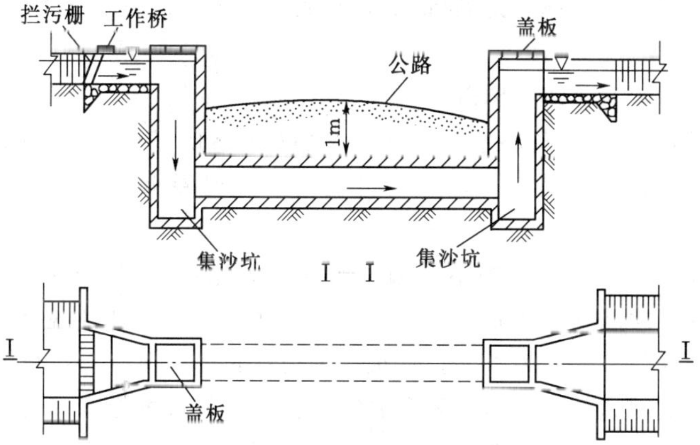

图4-13　倒虹吸管

模块4.4.1　倒虹吸管的布置

1. 管路布置

根据管路埋设情况及高差大小，倒虹吸管的布置形式可分为以下几种。

（1）竖井式。多用于压力水头较小穿越道路的倒虹吸。这种形式构造简单、管路短。进出口一般用砖石或混凝土砌筑成竖井。竖井断面为矩形或圆形，其尺寸稍大于管身，底部设0.5m深的集沙坑，以沉积泥沙，并便于清淤及检修管路时排水。管身断面一般为矩形、圆形或其他形式。竖井式水力条件差，施工比较容易，一般用于工程规模较小的倒虹吸管。

（2）斜管式。多用于压力水头较小，穿越渠道、河流的情况。斜管式倒虹吸管构造简单，施工方便，水力条件好，实际工程中常被采用。

（3）曲线式。当岸坡较缓时，为减少施工开挖量，管道可随地面坡度铺设成曲线形。管身常为圆形的混凝土管或钢筋混凝土管，可现浇也可预制安装。管身一般设置管座。在管道转弯处应设置镇墩，并将圆管接头包在镇墩内。为了防止湿度引起的不利影响，减小温度应力，管身常埋于地下，为减小工程量，埋置不宜过深。

（4）桥式倒虹吸管。当渠道通过较深的复式断面或窄深河谷时，为降低管道承受的压力水头，减小水头损失，缩短管身长度，便于施工，可在深槽部位建桥，管道铺设在桥面上或支承在桥墩等支承结构上。桥下应有足够的净空高度，以满足泄洪要求。在通航河道上应满足通航要求。

2. 进出口布置

（1）进口段的型式和布置。进口段包括进水口、拦污栅、闸门、启闭台、进口渐变段及沉沙池等。进口段的结构型式，应保证通过不同流量时管道进口处于淹没状态，以防止水流在进口段发生跌落、产生水跃而使管身引起振动。进口具有平顺的轮廓，以减小水头损失，并应满足稳定、防冲和防渗等要求，如图4-14所示。

（2）出口段的型式和布置。出口段包括出水口、闸门、消力池、渐变段等。其布置形式与进口段相似。为使出口与下游渠道平顺连接，一般设渐变段，其长度常用4～6倍的渠道设计水深。同时渐变段下游3～5m长度内的渠道还应护砌，以防止水流对下游渠道冲刷。渐变段的底部常设消力池。消力池长度一般为渠道设计水深的5～6倍。

（3）管身及镇墩的形式与构造。

1）管身。倒虹吸管的材料应根据压力大小及流量的多少、就地取材、施工方便、经久耐用等原则综合分析选择。常用的材料主要有混凝土、钢筋混凝土、铸铁和钢材等。

为防止温度、冰冻、耕作等不利因素影响，管道应埋设在耕作层以下；在冰冻区，管顶应布置在冰冻层以下；在穿越河道时，管顶应布置在冲刷线以下0.5m；穿越公路时，为改善管身的受力条件，管顶应埋设在路面以下1.0m左右。

为了防止管道因地基不均匀沉陷及温度过低产生较大的纵向应力，使管身发生横向裂缝，管身应设置伸缩缝，缝内设止水。缝的间距应根据地基、管材、施工、气温等条件确定。伸缩缝的型式主要有平接、套接、企口接以及预制管的承插式接头等。缝的宽度一般为1～2cm，缝中堵塞沥青麻绒、沥青麻绳、柏油杉板或胶泥等。

2）镇墩。在倒虹吸管的变坡及转弯处都应设置镇墩，其主要作用是连接和固定管道。在斜坡段若坡度陡、长度大，为防止管身下滑，保证管身稳定，也应在斜坡段设置镇墩。其设置个数视地形、地质条件而定。镇墩的材料主要为砌石、混凝土或钢筋混凝土。砌石镇墩多用于小型倒虹吸工程。在岩基上的镇墩，可加锚杆与岩基连

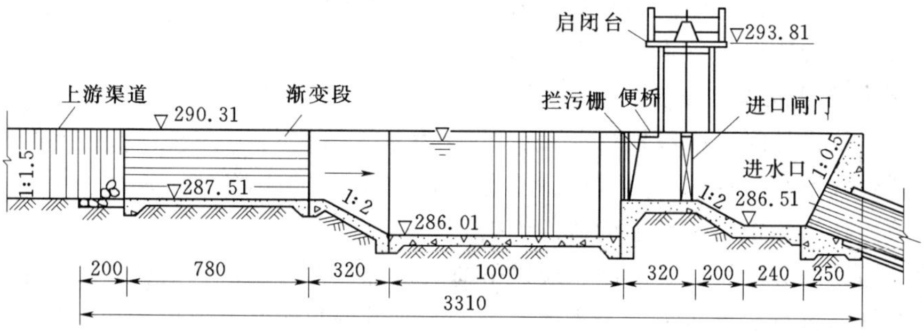

(a) 沉沙池及冲沙闸剖面图

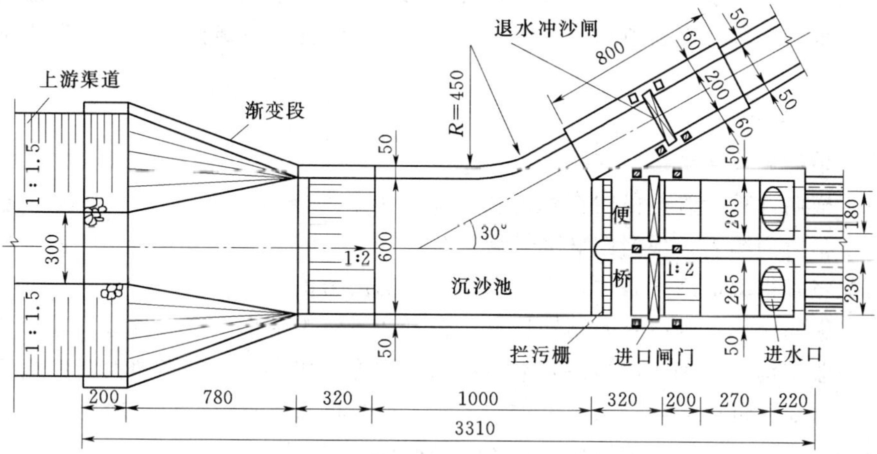

(b) 沉沙池及冲沙闸平面图

图4-14 进口段布置（单位：cm）

接，以增加管身的稳定性。

镇墩承受管身传来的荷载及水流产生的荷载，以及填土压力、自身重力等。为了保持稳定，镇墩一般是重力式的。

镇墩与管盖的连接形式有两种，即刚性连接和柔性连接。

模块 4.4.2 倒虹吸管的水力计算

倒虹吸管的水力计算，主要是根据渠道规划所确定的上游渠底高程、水位、通过的流量和允许的水头损失，通过水力计算确定倒虹吸管的断面尺寸、水头损失值及进出口的水面衔接。

实际工作中，渠道在规划时已确定渠道断面形式和上游渠底高程、倒虹吸管通过的流量和允许水头损失值。因此，倒虹吸管的水力计算内容有下列几种情况。

（1）根据需要通过的流量和允许的水头损失，确定管道的断面形式和尺寸。

（2）根据允许的水头损失和初步拟定的断面尺寸，校核能否通过规定的流量。

（3）根据需要通过的流量及拟定的管内流速，校核水头损失是否超过允许值。

模块 4.4.3 倒虹吸管管身结构计算

1. 管壁厚度的拟定

管身结构设计步骤一般是根据管径和压力水头的大小，初步拟定管壁厚度，确定各作用荷载，然后进行横向和纵向内力计算，校核管壁厚度，进行横向和纵向内力计算，校核工业管壁厚度，进行配筋计算和抗裂验算。

2. 作用荷载及荷载组合

管身结构设计时，一般根据荷载大小分为若干段进行计算。对于中小型倒虹吸管，如斜管段不长，内水压力等荷载的变化范围不大时可不分段，而按受力最大的水平段计算，作为确定整个管道构造的依据。

埋在河槽部分的管道，可能出现以下荷载组合：①河道枯水期管内正常输水，作用荷载有管的自重、土压力、内水压力等；②河道洪水期管内无水，作用荷载有管的自重、土压力、外水压力等；③管内正常输水，管外无水也无填土，作用荷载有管的自重、内水压力等。交通道路下的管段，应根据具体情况决定何种荷载组合中加地面荷载。

3. 管身结构计算

管身结构计算包括横向和纵向计算。

（1）横向计算。管身横向在各荷载单独作用下的内力（弯矩 M 和轴力 N）可参照有关书籍所列图表，根据倒虹吸管的安装方式等具体情况直接查出；然后根据荷载组合情况将查得数值组合叠加，即可求得截面的内力值。

（2）纵向计算。管身纵向结构计算比较复杂。对于中小型倒虹吸管往往不作纵向计算，一般在构造上采取适当措施来减小纵向应力，如在一定长度内设置伸缩缝和柔性接头，对地基进行处理以限制不均匀沉陷，适当选择施工季节或在刚性座垫与管身之间涂柏油或铺油毛毡（管段两端约1/3长度内）等。

任务4.5 涵 洞

模块4.5.1 涵洞的构造

涵洞主要指不设闸门的输水涵洞与排洪涵洞。其一般由进口、洞身、出口三部分组成。

1. 涵洞工作特点

渠道下的输水涵洞，一般是无压的，上下游水位差也较小。其过涵流速一般在2m/s左右，故一般可不考虑专门的防渗、排水和消能问题。

2. 涵洞的类型

（1）圆涵。

（2）箱涵。

（3）盖板涵。

（4）拱涵。

模块4.5.2 渠道上桥梁的构造

1. 桥梁的类型

（1）按用途分类，可分为生产桥、拖拉机桥、低标准公路桥。

（2）按结构型式和受力特点分类，可分为梁式桥、拱桥、桁架拱桥。

2. 桥面构造

（1）行车道板。渠道上桥梁净宽一般根据车辆类型、荷载及运行要求加以确定。

（2）桥面铺装。桥梁需在行车道板上面铺设桥面铺装，其作用在于防止车辆轮胎或履带对行车道板的直接磨损。此外，对车的集中荷载还有扩散作用。

（3）人行道。人行道的设置根据需要而定，人行道宽0.75m或1.0m。为便于排水，人行道也设置向行车道倾斜1%的横坡。

（4）栏杆。人行道外侧设栏杆。栏杆高0.8～1.2m，栏杆柱间距为1.6～2.7m，柱截面常为0.15m×0.15m。不设人行道时，桥面两侧应设安全带。

（5）变形缝。为减小温度变化、混凝土收缩、地基不均匀沉降等影响，桥面需设置伸缩缝，缝内填塞有弹性、不透水的橡皮或沥青胶泥等，以防雨水和泥土渗入，保证车辆平稳行驶。

（6）排水设施。为便利桥面排水，桥面需设1.5%～3.0%的横坡。

3. 桥梁的荷载

（1）荷载的分类。

1）恒载。包括桥梁上部结构物自重及附属设备重、填土重及土压力等。

2）车辆荷载及其影响力。包括车辆荷载及其产生的冲击力、制动力以及所引起的土侧压力等。

3）其他荷载及外力。包括人群荷载、温度变化及混凝土收缩影响力、支座阻力、水的浮力、冰压力、漂浮物的撞击力以及施工荷载等。

（2）荷载组合。

1）主要荷载组合。由恒载、车辆荷载、汽车荷载的冲击力、车辆荷载引起的土侧压力及人群荷载组成。

2）附加荷载组合。①由恒载和平板挂车或履带车荷载组成（又称验算荷载组合）；②由主要荷载组合中的一种或几种荷载与可能同时作用的一种或几种荷载和外力组成。

模块4.5.3　跌水与陡坡的构造

1. 落差建筑物的类型

当渠道通过地面过陡的地段时，为了保持渠道的设计比降，避免大填方或深挖方，往往将水流落差集中，修建建筑物连接上下游渠道，这种建筑物称为落差建筑物。

落差建筑物有跌水、陡坡、斜管式跌水和跌井式跌水等4种。其中跌水和陡坡应用最广。

落差建筑物的设计，除满足强度和稳定要求外，水力设计是重要内容。布置时应使进口前渠道水流不出现较大的水面降落和壅高，以免上游渠道产生冲刷或淤积，出口处必须设置消能防冲设施，避免下游渠道的冲刷，如图4－15所示。

2. 跌水

跌水有单级跌水和多级跌水两种形式，二者构造基本相同。一般单级跌水的跌差小于3～5m，超过此值时宜采用多级跌水。

（2）陡坡段的人工加糙。在陡坡段上进行人工加糙，对促使水流紊动扩散、降低流速、改善下游流态及消能均起着重要作用。常见的加糙形式有交错式矩形糙条、单人字形槛、双人字形槛、棋布形方墩等。

（3）消力池及出口连接段。陡坡出口消能一般都采用消力池，使水流在池中发生淹没水跃以消减水流能量，其布置形式与跌水相似。为了提高消能效果，消力池中常设一些辅助消能工，如消力齿、消力墩、消力肋及尾槛等。

思　考　题

4-1　水闸有哪些工作特点？

4-2　海漫的作用是什么？对海漫有哪些要求？

4-3　平面闸门与弧形闸门相比较各有何优、缺点？

项目5 过坝建筑物

任务5.1 通航建筑物

5.1 Ⓟ
船闸

5.2 Ⓐ
船闸的原理动画

模块5.1.1 船闸构造

1. 船闸的组成

船闸一般由闸室，上、下游闸首，引航道等基本部分组成。

（1）闸室。这是船闸的主要组成部分，主要由闸底板、闸墙组成。

（2）上、下游闸首。作用：将闸室与上、下游引航道隔开。方便船只通过。

（3）引航道。保证过坝、闸船只顺利通过。

2. 船闸工作原理

船只过坝的工作原理是利用输水设备使闸室内水位依次与上、下游齐平，使船只顺利从上游到下游，或从下游到上游。具体过程：当上行船只过闸时，首先通过下游输水设备将闸室内水位泄放到与下游水位齐平，然后开启下游闸门，船只驶入闸室后关闭下游闸门，由上游输水设备向闸室充水，待水面与上游水位齐平后开启上游闸门，船只离开闸室上行。若有船只下行则需先关闭上游闸门。调节水位后，再开启下游闸门，让船只下行，如图5-1所示。

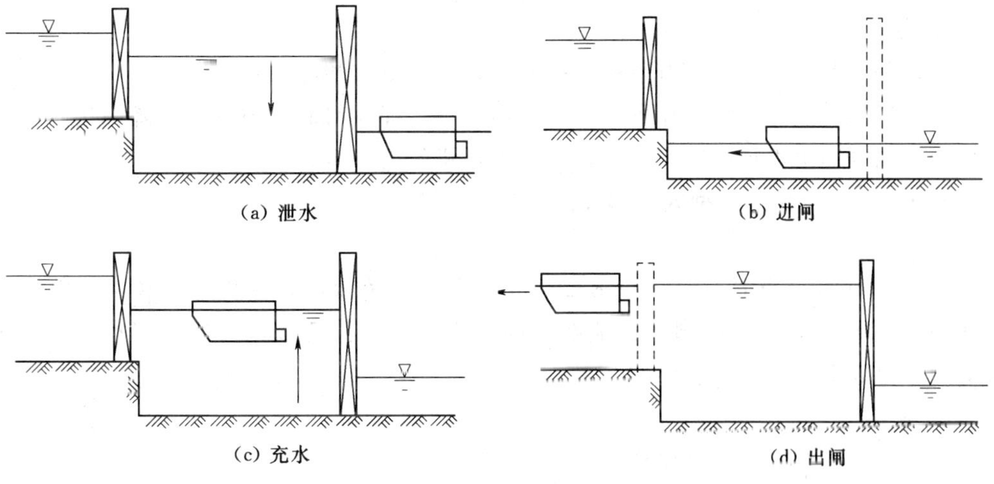

图5-1　船只过闸程序示意图

3. 船闸类型

（1）按船闸级数划分。

1）单级船闸，适用于水头15～20m以内。

2）多级船闸，适用于高水头的情况。

（2）按船闸的级数划分。

1）单线船闸，只设一条通航船闸。

2）多线船闸，有两条或两条以上的通航船闸。

（3）按闸室形式划分。

1）厂厢式船闸，适用于小型船只过坝。

2）井式船闸，使用于水头高，且地基良好的情况。

3）具有中间闸首的船闸，适用于过闸船只数量、大小不均一的情况。

4. 船闸基本尺度

船闸基本尺度包括闸室有效长度与宽度、门槛水深及引航道长度与宽度。

船闸的基本尺度取决于过闸船队的数量和船只大小。

模块5.1.2 升船机构造

1. 组成

升船机的主要组成部分如下。

（1）承船厢，用于装载船舶。

（2）垂直支架或斜坡道，用于运载承船厢。

（3）控制装置，驱动或制动，操纵升船机的运行。

2. 工作原理

将船只开进有水或无水的船厢内，利用水力或机械沿垂直或斜面的方向升降船厢，达到使船只过坝的作用。船只在有水的箱内叫湿运。在无水的箱内叫干运（较少采用）。

3. 类型

（1）垂直升船机。垂直升船机有提升式、平衡重式和浮筒式。

（2）斜面升船机。将船舶置于承船厢内。沿着铺在斜面上的轨道升降，运送船舶过坝。斜面升船机由承船厢、斜坡轨道及卷扬机等设备组成。

模块5.1.3 通航建筑物型式的选择及布置

1. 型式的选择

水头在40m以下时，宜选船闸；20m以下宜用单级，20m以上可考虑多级。水头在40～70m时，应在船闸与升船机之间进行技术经济比较，择优选定；水头大于70m时，宜建升船机。

2. 布置

（1）通航建筑物一般靠岸边布置。

（2）船闸应布置在稳定、顺直河段。

（3）闸室一般布置在坝（闸）轴线的下游。

（4）平原地区的低水头枢纽，应考虑河床变迁及泥沙淤积对航道进、出的影响。

（5）过坝公路或铁路跨越船闸时，将交通线布置在下闸首，易满足桥下净空要求。

任务5.2 过木建筑物

模块5.2.1 筏道结构

1. 定义

筏道是利用水力输送木排（木筏）过坝的陡槽。

2. 适用条件

中、低水头且上游水位变幅不大的水利枢纽。

3. 优点

具有通过能力大、使用方便、建筑技术要求低、运费便宜等。

4. 组成

筏道主要由上下游引筏道、进口段、槽身段和出口段组成。

模块5.2.2 漂木道结构

与筏道类似，也是一个水槽，用于大批散漂原木的浮运过坝。还用一种只运送单根原木的过木槽，用于过木量较少的情况。按木材的通过方式，漂木道可分为全浮式、半浮式和湿润式，适用于中、低水头且上游水位变化不大的水利枢纽，也由上、下游引筏道、进口段、槽身段和出口段组成。

模块5.2.3 过木机结构

过木机是一种运送木材过坝的机械设施。通过高坝修建筏道及漂木道有困难或不经济时，可以采用机械设备输送木材过坝。我国的一些水利枢纽采用的过木机，有链式传送机、垂直和斜面卷扬提升式过木机、桅杆式和塔式起重机、架空索道传送机等。

模块5.2.4 过木建筑物在水利枢纽中的布置

最好将过木建筑物布置在靠近岸边处，并与船闸和水电站厂房分开。进口应设导漂设施，以便引导原木或木排进入过木通道。筏道和漂木道应布置成直线，上、下游引筏道可根据地形条件布置成直线或曲线线形。下游出口要求水流顺直，以便木材顺河下行，不致随回流停滞。

任务5.3 过鱼建筑物

5.3 ℗

鱼道

模块5.3.1 鱼道

鱼道是最早采用的一种过鱼建筑物，适用于低水头水利枢纽。鱼道由进口、槽身、出口及诱鱼补给水系统等几部分组成。鱼道按其结构形式有斜槽式、水池式、隔板式等三类。

模块5.3.2 鱼闸

鱼闸的工作原理类似于船闸，采用控制水位升降的方法来输送鱼类通过拦河闸坝，主要有竖井式和斜井式两种类型，能在较大水位差条件下工作，可以适用于较高的水头。

模块5.3.3 升鱼机

升鱼机是利用机械设施将鱼输送过坝，可适用于高水头的水利枢纽过鱼，又能适应库水位较大变幅；但机械设备易发生故障。有湿式和干式两种。

模块5.3.4 过鱼建筑物在水利枢纽中的位置

（1）低水头的闸坝枢纽，常把鱼道布置在水闸一侧的边墙内或岸边上，进口则设在边孔的闸门下游。

（2）水头较高的水利枢纽，常把鱼道、鱼闸或升鱼机分别布置在水电站和溢流坝两侧或导墙内。

项目6 水　电　站

任务6.1 水　力　发　电

6.1 Ⓟ
水力发电原理

6.2 ▶
水力发电流程原理

模块6.1.1 水力发电基本原理

水力发电过程其实就是一个能量转换的过程。通过在天然的河流上，修建水工建筑物，集中水头，然后通过引水道将高位置的水引导到低位置的水轮机，使水能转变为旋转机械能，带动与水轮机同轴的发电机发电，从而实现从水能到电能的转换。发电机发出的电再通过输电线路送往用户，形成整个水力发电到用电的过程。

如图6-1所示，高处水库中的水体具有较大的势能。当水体经由压力管道流进安装在水电站厂房内的水轮机而排至水电站的下游时，水流带动水轮机的转轮旋转，使得水动能转变为旋转的机械能，水轮机带动同轴的发电机转子切割磁力线，在发电机的定子绕组上产生感应电动势，当定子绕组与外电路接通时，发电机就向外供电了。如此，水轮机的选择机械能就通过发电机转变为电能。

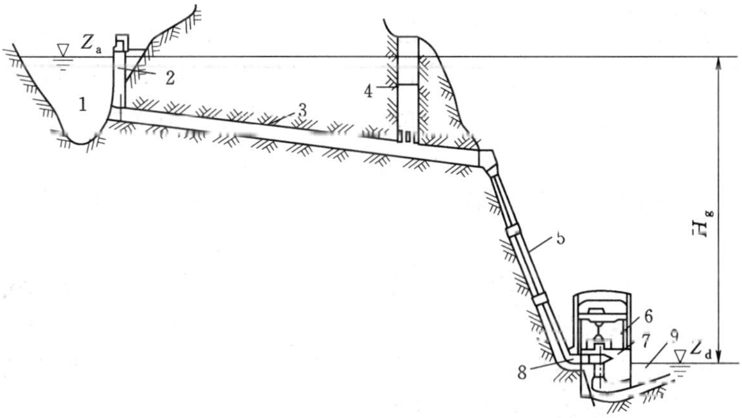

图6-1　水电站示意图

1—水库；2—进水建筑物；3—引水隧洞；4—调压室；5—压力管道；6—发电机；7—水轮机；8—主阀；9—尾水渠

模块6.1.2 水电站的出力和发电量的计算

水电站在某时刻输出的功率，称为水电站在该时刻的出力。水电站的理论出力公式为

$$P_t=\frac{\rho gVH_g}{t}=\rho gQH_g=9.81QH_g$$

式中：P_t 为出力；ρ 为水的密度；g 为重力加速度；V 为水的体积；Q 为水轮机的引用流量；H_g 为水电站上、下游的高程差，称为水电站的毛水头。

水电站的实际出力公式为

$$P=9.81Q(H_g-\Delta h)\eta=9.81QH\eta=KQH$$

式中：H 为水轮机的工作水头；Δh 为水头损失；η 为水轮发电机组的总效率；K 为水电站的出力系数，对于大中型水电站，K 值可取 8.0～8.5；对于小型水电站，K 值一般取 6.5～8.0。

模块 6.1.3 水电站的运行特点

目前，在我国的电力系统中，主要是火电厂与水电站以及少数的核电厂、风力发电厂、地热能发电厂联合工作。为了使各类电厂合理分担电力系统的负荷，各种类型的电厂在电力系统中承担着不尽相同的作用。图 6-2 所示为电力系统日负荷曲线。

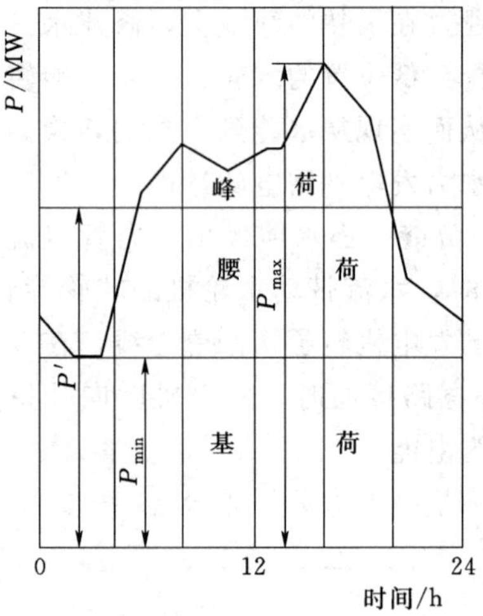

图 6-2 日负荷曲线

一般来说，由于火电和核电机组在机组性能上的特点，它们一般在电力系统中主要承担基荷和腰荷的负荷，而结合水电机组的特点以及不同的季节，水电机组在承担电力负荷上选择性更为灵活。下面先了解一下水电站的运行特点。

(1) 水电站的工作情况随河川径流的多变而变化。水电站的出力和发电量受到天然径流来水量的影响，虽然水库具有调节径流的作用，但也只能是在一定程度上小幅度调节（水库库容越大，调节的作用就越明显），导致水电站在枯水季节出力和发电量得不到保证，丰水季节又往往由于库容不足弃水而导致水能难以利用。

(2) 水电站的运行费用与实际发出的电量多少无关。建成后的水电站，其发电量的多少主要与其来水径流量的多少有关，而其运行费用却基本不会因此而有所增减。因此，应当尽量使水电站多发电，减少系统中火电厂的发电量，从而降低火电厂相应燃料的消耗，提高整个电力系统的经济性。

(3) 水轮发电机组操作灵活，启停迅速，通常只需要几分钟就可以启动或停机，增减负荷十分方便。因此，利用水库调节，水电站适宜在电力系统中承担调峰、调频和事故备用等任务。

(4) 由于水资源及其水库具有综合利用的性质，水利系统各部门对水电站及其水库会提出各种综合利用要求，因而水电站及其水库的运行调度方式必然会受到他们的制约。

模块 6.1.4 水电站工作原则

决定水电站在系统中的工作方式的原则是尽量使电力系统供电的可靠性和经济性最大化。具体的基本原则有以下几条。

（1）为了充分利用水能，无调节水电站适宜全年担负系统基荷工作，有调节水电站在枯水期宜在峰荷工作，随着来水增多，可从峰荷逐步过渡到担任丰水期的基荷工作。

（2）为了节省煤耗或油耗，火电厂宜担负较为均匀的负荷，所以最好在基荷工作。但在丰水期，水电站还是应以全部装机容量在基荷工作，此时火电厂应担负峰荷，虽然单位煤耗有所增加，但是由于水电站减少弃水，从而在总体上节约了煤耗总量，使电力系统的总成本下降。

（3）应尽量使各水电站机组在高效率区内运行，避免长时期在低水头、低负荷下运行。

（4）由于核电机组调节困难，若过于频繁地大幅度调整负荷，核电机组的安全性将受到影响，所以应优先保证核电机组在基荷位置运行。

根据水电站水库的调节能力，水电站可分为无调节水电站、日调节水电站、年调节水电站以及多年调节水电站。水库的调节能力不同，导致水电站在系统中的工作方式也不一样，但总体原则是尽量减少水库不必要的弃水。若水库库容不具备调节能力，应使水电站运行在基荷位置，充分利用水资源；若水库库容尚具备调节空间，应使水电站运行在峰荷或腰荷位置，以充分发挥水电机组调节能力强、运行灵活的特点。

任务6.2　水电站的基本类型

水电站按照水能的开发方式可分为河床式水电站、坝后式水电站、坝内式水电站、引水式水电站和抽水蓄能电站。

模块6.2.1　河床式水电站

6.3 Ⓟ 河床式水电站

一般修建在河流中下游河道纵坡平缓的河段上。为了避免大量淹没，坝建的较低，故水头较小。河床式水电站的引用流量一般较大，属于低水头大流量型水电站（图6-3）。其特点：厂房与坝一起建在河床上，厂房本身承受上游水压力，并成为挡水建筑物的一部分。一般不设专门的引水管道，水流直接从厂房上游进水口进入水轮机。

模块6.2.2　坝后式水电站

6.4 Ⓟ 坝后式水电站

坝后式水电站一般修建在河流中上游的山区峡谷地段，受水库淹没限制相对较小，所以坝可建得较高，水头也较大。由于水头较高，厂房不能承受上游过大水压力而建在坝后（坝下游）（图6-4）。其特点：水电站厂房布置在坝后，厂坝之间常用缝分开，上游水压力全部由坝承担。

模块6.2.3　坝内式水电站

坝内式水电站是指将厂房布置在拦河坝体内部，采用如此布置主要是由于河谷狭窄不足以布置坝后式厂房，而坝高足够允许在坝内留出一定大小的空腔布置厂房（图6-5）。由于坝内式水电站的厂房布置在坝内，坝体内部的空腔削弱了坝体强度，并使坝体应力复杂化。由于厂房尺寸受到坝体尺寸的限制，因此此类水电站的机电设备

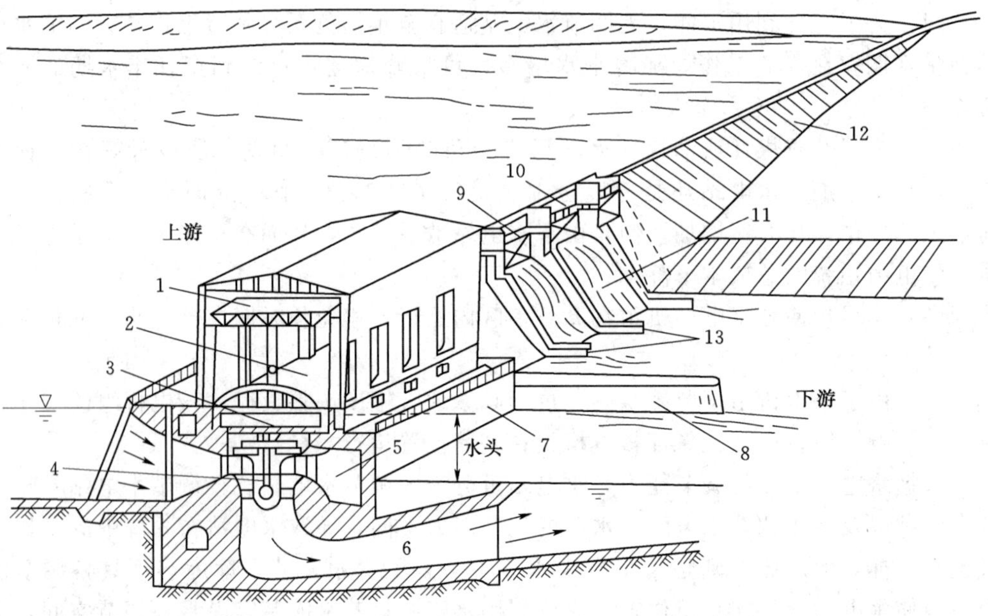

图 6-3　河床式水电站

1—桥式吊车；2—主厂房；3—发电机；4—水轮机；5—蜗壳；6—尾水管；7—水电站厂房；8—尾水导墙；9—闸门；10—工作桥；11—溢流坝；12—拦河闸；13—闸墩

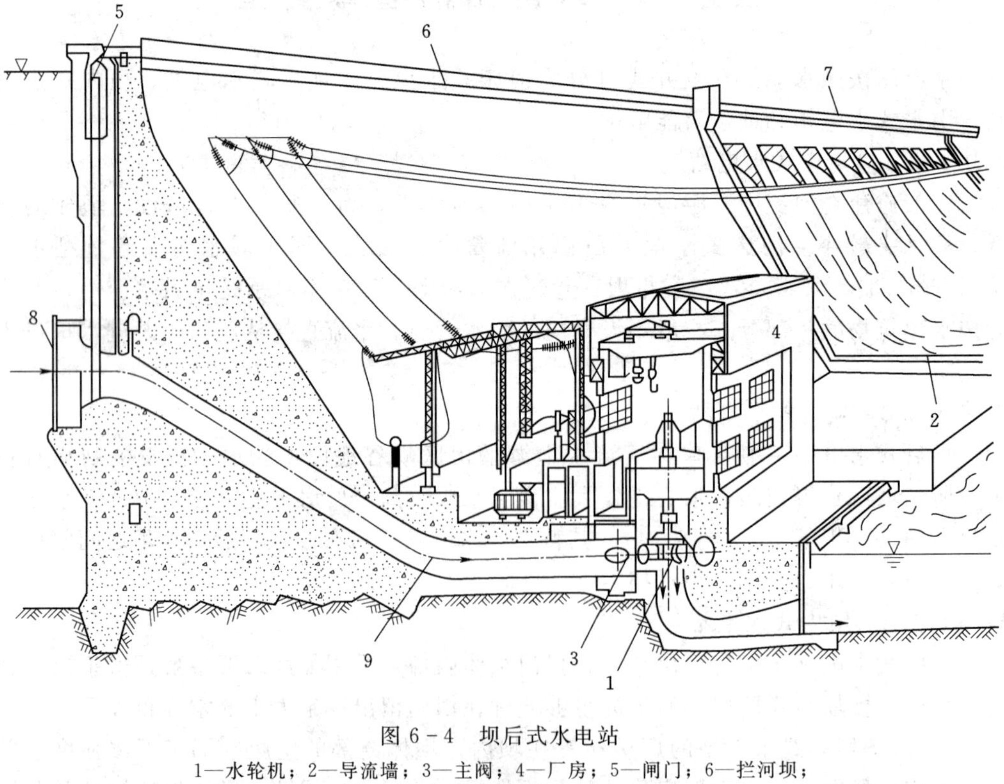

图 6-4　坝后式水电站

1—水轮机；2—导流墙；3—主阀；4—厂房；5—闸门；6—拦河坝；7—溢流坝；8—拦污栅；9—压力管道

选择在尺寸上也受到相应的限制。另外，坝内式水电站要特别注意防渗、防潮、通风、照明等问题。

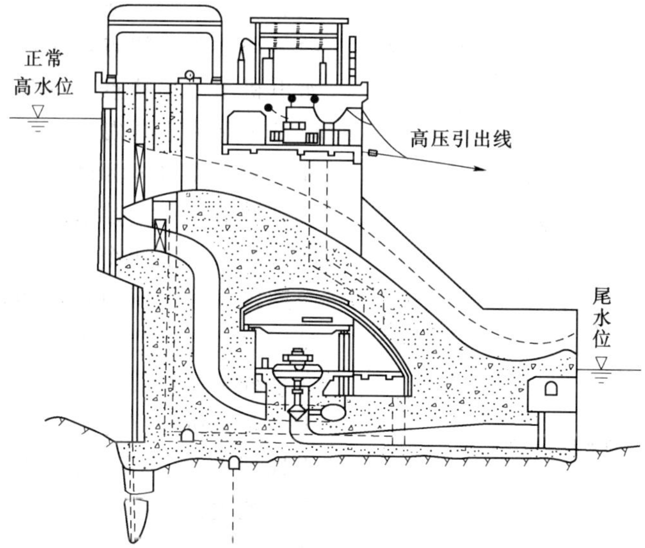

图 6-5 坝内式水电站

模块 6.2.4 引水式水电站

发电用水来自较长的引水道，厂房远离挡水和进水建筑物，厂房上游不承受水压力，厂房布置在引水系统末端的河岸上（图 6-6）。由于厂房布置在河岸的地面上，因此称为引水河岸式水电站。当由于河谷狭窄，岸坡陡峻，或者其他原因布置地面厂房有困难时，将厂房建在地下的山体内，则此类可称为引水地下式厂房。

6.5 Ⓟ
有压引水式水电站

6.6 Ⓟ
无压引水式水电站

图 6-6 无压引水式水电站

1—拦河坝；2—溢流坝；3—进水闸；4—引水渠道；5—压力前池；6—日调节池；7—压力钢管；8—厂房；9—泄水道；10—开关站；11—尾水渠

发电机层设备布置。发电机层为安放水轮发电机组及辅助设备和仪表盘柜的场地，也是运行人员巡回检查机组、监视仪表的场所。发电机层楼板上一般布置有发电机上机架、调速器操作柜、油压装置、机旁盘、励磁盘、桥式吊车等主要设备以及主阀孔、楼梯、吊物孔等厂内交通设施。

水轮机层设备布置。水轮机层是指发电机层以下，蜗壳大块混凝土以上的这部分空间。如图6-9所示，在水轮机层一般布置有发电机转子和定子、水轮机顶盖、调速器的接力器、水力机械辅助设备（如油、气、水管路）、电气设备（如发电机主引出线、中性点接线、接地、灭磁装置等）、厂用电的配电设备等。

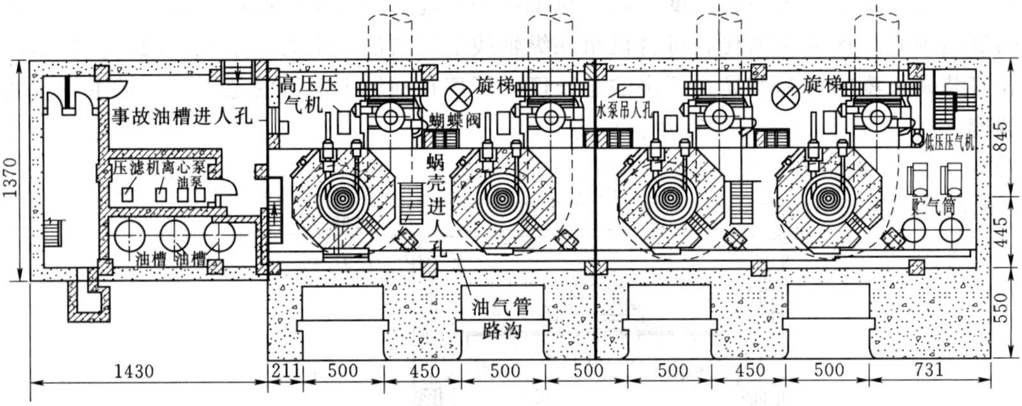

图6-9　厂房水轮机层平面图（单位：cm）

蜗壳、尾水管层的布置如图6-10所示。蜗壳、尾水管层除了过流部分外，大多

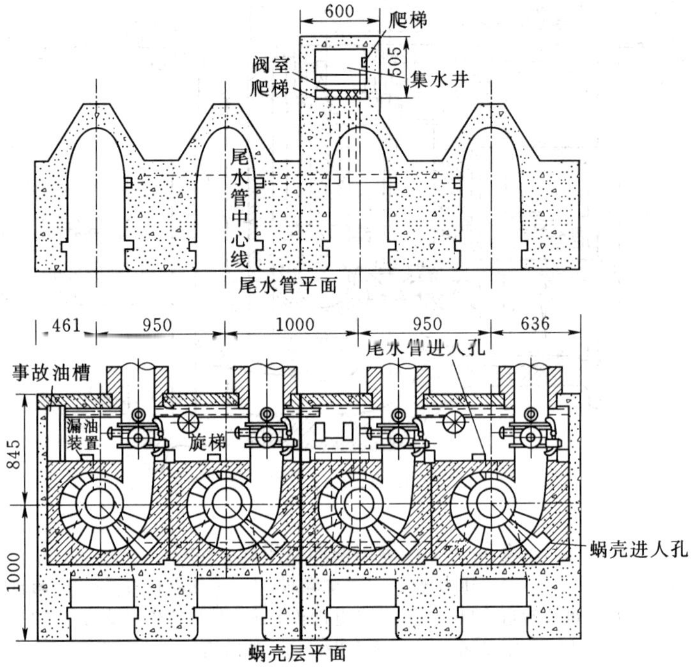

图6-10　厂房蜗壳、尾水管层平面图（单位：cm）

为大体积混凝土，布置相对简单。一般布置有进水主阀、蜗壳、供水泵、排水泵、空气压缩机等设备。

安装间的布置如图6-11所示。由于大中型水电站的机电部件大而重，因此一般要求对外公路运输通道能直达安装间，以便于利用主厂房内桥吊装卸设备，所以安装间一般布置在主厂房有对外道路的一侧。如图6-11所示，安装间的面积可按一台机组扩大性检修的需要确定，一般考虑放置四大部件，即发电机转子带轴、发电机上机架、水轮机转轮和水轮机顶盖。同时需要考虑桥吊主钩的工作范围，预留运输通道和工作人员工作空间等其他相关因素。

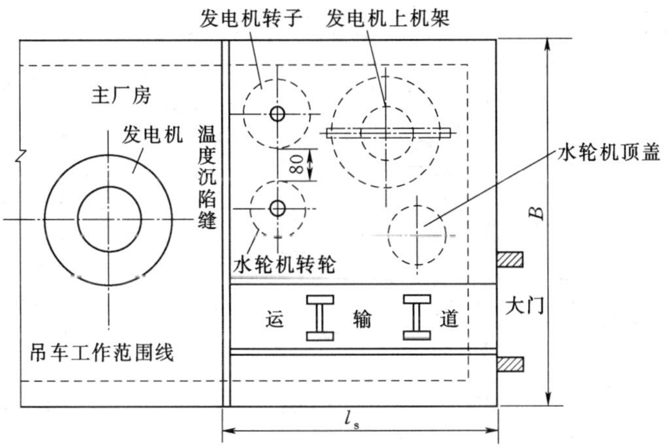

图6-11 安装间平面布置

2. 副厂房设备的布置

副厂房的位置应紧靠主厂房，基本上布置在主厂房的上游侧、下游侧或端面，可集中一处，也可分为两处布置。

副厂房的各楼层一般布置有中央控制室、集缆室、继电保护室、低压开关室、通信室及远动装置室、直流设备室、厂用电设备室、母线室、各种试验室和车间、办公室及生活用房等。

任务6.4 水 轮 机

水电站完成将水势能转化为电能的过程，除了需要形成集中水头、引导水流的水工建筑物外，还需要包括水轮机、发电机、变压器在内机电设备的正常工作。水轮机、发电机和变压器统称为水电站的三大主设备。为了保证主设备完成生产过程，需要对主设备进行冷却、润滑、操作、控制、监视等操作。因此，根据水电站机电设备的不同功能，可将它们划分为不同的设备子系统，以便于理解和学习。但必须明确的是，各个设备子系统之间并不是完全分割的，它们之间存在着相互关联、相互影响、相互配合的关系，共同支撑起整个电站的正常运行。图6-12是一个水电站厂房各设备系统或主要设备之间关系的简图。

6.11

水轮机发电原理

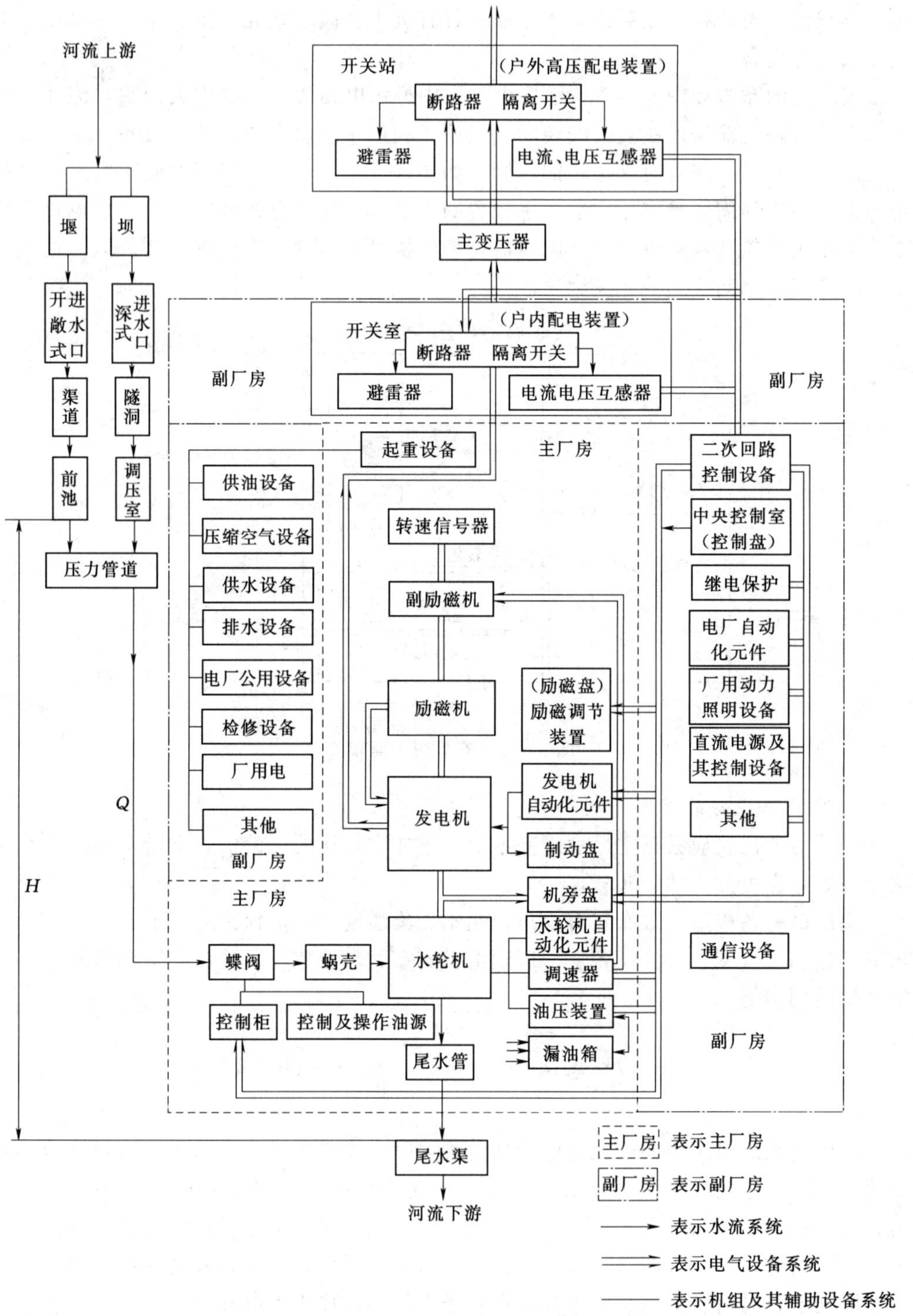

图 6-12 水电站厂房设备组成框图

下面主要介绍水轮机，以使大家能从总体上了解水电站，从而对水电站的生产过程有一个大体的认识。

模块 6.4.1　水轮机的基本类型

水轮机是将水能转化为旋转机械能的水力原动机，是水电站厂房中主要的动力设备之一，用来带动发电机工作以获取电能。由于河流的自然条件和水电站的开发方式不同，水电站的水头和功率差别很大，因此需要有多种型式和种类的水轮机与之相适应。现在水轮机按水能转换的特征分为两大类，即反击式水轮机和冲击式水轮机。

（1）反击式水轮机。转轮利用水流的压力能和动能做功的水轮机称为反击式水轮机。

（2）冲击式水轮机。转轮只利用水流的动能做功的水轮机称为冲击式水轮机。

上述两大类的水轮机还可细分为图 6－13 所示的型式。

- 水轮机
  - 反击式
    - 混流式（HL）
    - 轴流式（ZL）
      - 轴流转桨式（ZZ）
      - 轴流定桨式（ZD）
      - 轴流调桨式（ZT）
    - 斜流式（XL）
    - 贯流式（GL）
      - 贯流转桨式（GZ）
      - 贯流定桨式（GD）
      - 贯流调桨式（GT）
  - 冲击式
    - 水斗式（切击式）（CJ）
    - 斜击式（XJ）
    - 双击式（SJ）

图 6－13　水轮机分类

模块 6.4.2　常见水轮机的特点及应用范围

常见水轮机的特点及应用范围见表 6－1。

水轮机的工作参数主要有水头、流量、转速、功率与效率。每种参数根据具体应用概念的不同还可以细分为具体的参数。例如，水头有工作水头、设计水头、额定水头等；流量有额定流量、空载流量等。在此就不再对各种具体参数作解释，有兴趣的读者可以参阅专业书籍。

表 6－1　　常见水轮机的特点及应用范围

转轮型式	一般适应水头/m	特　　点
混流式	25～450	结构简单，运行可靠、效率高、应用水头范围广，一般适用于中高水头水电站
轴流定桨式	3～50	结构简单，但高效率区范围较窄，适用于负荷及水头边幅较小的水电站
轴流转桨式	2～88	结构较为复杂，由于导叶和桨叶能双重调节，因此具有较大范围的高效率区，适用于低水头、大流量和负荷变化较大的水电站
斜流式	40～200	也可实现导叶和转轮叶片双重调节，具有较宽的高效率区，但结构复杂，造价较高，一般用于大、中型水电站
贯流式	2～30	一般具有较高的效率，适用于低水头、大流量的河床式水电站
水斗式	40～2000	适用于高水头、小流量的水电站
斜击式	25～300	一般适用于中小型水电站
双击式	5～150	结构简单，制造方便，但效率低，一般适用于小型水电站

为了统一水轮机的品种规格，以便提高质量、降低造价和便于选择使用，我国对水轮机产品型号作了规范化规定。水轮机产品型号由三部分组成，各部分用一短线分开。水轮机型号排列顺序如图 6－14 所示。

第一部分代表水轮机的型式和转轮型号，水轮机型式用汉语拼音字母表示，转轮

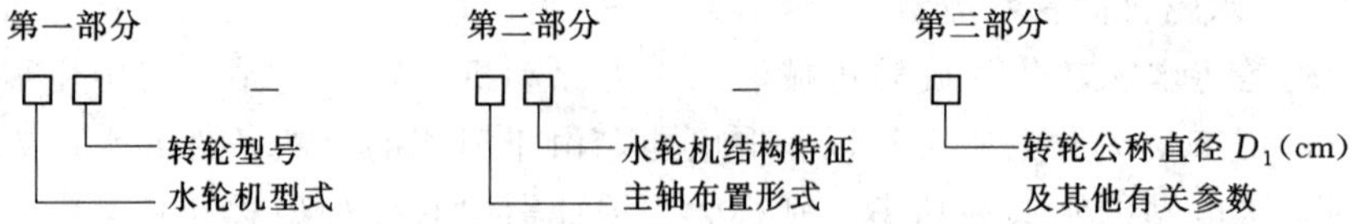

图 6-14 水轮机型号排列顺序

型号用该水轮机的比转速表示，用阿拉伯数字表示。水泵水轮机在型式代号后面加汉语拼音字母“B”。其代号规定见表 6-2。

表 6-2 水轮机型式的代号

水轮机型式	代号	水轮机型式	代号
混流式	HL	贯流调桨式	GT
斜流式	XL	贯流定桨式	GD
轴流转桨式	ZZ	水斗（冲击）式	CJ
轴流调桨式	ZT	斜击式	XJ
轴流定桨式	ZD	双击式	SJ
贯流转桨式	GZ		

第二部分代表主轴布置形式和结构特征，由两个汉语拼音字母组成，前者表示水轮机主轴的布置型式，后者表示引水室的结构特征，其代号规定见表 6-3。

表 6-3 主轴布置形式和结构特征的代号

名 称	代号	名 称	代号
立轴	L	罐式	G
卧轴	W	全贯流式	Q
金属蜗壳	J	灯泡式	P
混凝土蜗壳	H	竖井式	S
明槽式	M	虹吸式	X
有压明槽式	My	轴伸式	Z

注 主轴非垂直布置型式均用“W”表示。

第三部分代表水轮机转轮公称直径 D_1 以及其他有关参数，用阿拉伯数字表示，单位为 cm。

水轮机型号示例如下。

(1) HL180—LJ—550：表示混流式水轮机，转轮型号为 180，立轴，金属蜗壳，转轮公称直径为 550cm。

(2) ZD760—LH—120 ($\varphi=+10°$)：表示轴流定桨式水轮机，转轮型号为 760，立轴，混凝土蜗壳，转轮公称直径为 120cm，转轮叶片装置（安装）角为+10°。

(3) XLB200—LJ—300：表示斜流式水泵水轮机，转轮型号为 200，立轴，金属蜗壳，转轮公称直径为 300cm。

模块 6.4.3 立式混流式水轮机构成部件

此处仅对立式混流式水轮机的各主要构成部件进行简介。若需了解其他型式的水轮机，可参阅水电专业书籍。

1. 转轮

转轮是水轮机将水流能量转变为旋转机械能的核心部件，要求转轮具有良好的水力性能、足够的强度和刚度。混流式水轮机转轮一般有上冠、叶片、下环、止漏装置、泄水锥和减压装置组成，如图 6-15 所示。

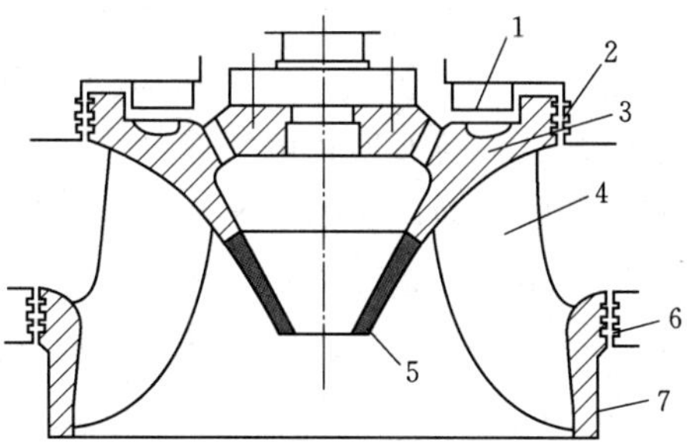

图 6-15 混流式转轮

1—减压装置；2，6—止漏装置；3—上冠；4—叶片；5—泄水锥；7—下环

2. 导水机构

导水机构的主要组成部分包括顶盖、底环、控制环、导叶、导叶套筒、导叶传动机构（包括导叶臂、连杆、连接板）和接力器等部件。

导水机构接力器的工作原理如图 6-16 所示。图中示出两个直缸式接力器的工作情况。图示所在位置是导叶正处于中间开度，当接力器腔体内接受调速器系统送来的压力油后，便可控制接力器的推拉杆，改变导叶的开度，达到调节水轮机流量的目的。

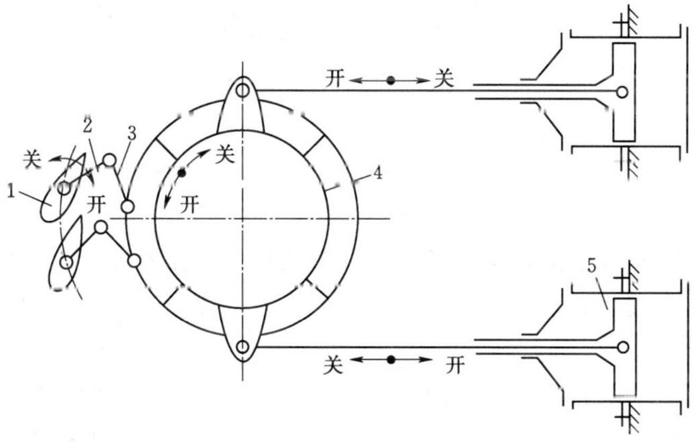

图 6-16 接力器工作原理

1—导叶；2—转臂；3—连杆；4—控制环；5—接力器

（1）导叶。导叶是导水机构的主要组成部件，均匀分布于转轮的外围、底环和顶盖之间。导叶的断面形状为翼型，首端较厚，尾端较薄，这样既可以保证强度又可以减少水力损失。导叶一般由导叶体和导叶轴组成。另外，还有导叶轴套和相应密封以及传动机构作为导叶的附件，支撑导叶的正常工作。

（2）底环。它是一个扁平的环形部件，位于导叶的下方，安装在座环或基础环上，它与顶盖形成流道，并用来安装导叶的下轴套。

（3）控制环。它是传递接力器作用力，并通过传动机构转动导叶的环形部件。

（4）顶盖。顶盖是水轮机的主要部件，在顶盖的导叶轴孔中装有导叶套筒，顶盖上平面的支持环支撑着控制环，是水轮机的主要受力部件，要求有足够的强度和刚度。

3. 引水部件及泄水部件

混流式水轮机的引水部件主要由金属蜗壳、座环和基础环等组成。

（1）金属蜗壳。引水室是将水引入导水机构的通流部件。蜗壳是蜗状的有压引水室（图6-17）。混流式水轮机应用于中高水头电站（一般 $H\geqslant40$m）。其引水室多采用金属蜗壳，断面形状由圆形过渡到椭圆形。蜗壳引导水流一方面做圆周运动，另一方面做径向运动，使得水流均匀轴对称地进入导水机构，故水力损失小、结构紧凑。

（2）座环。座环位于引水部件（蜗壳）与导水机构之间，由上环、下环和中间若干流线形立柱（也称固定导叶）组成（图6-18）。其作用是承受水轮发电机的部分重量、水轮机的轴线水推力、顶盖的重量级部分混凝土重量，并将其荷载通过立柱传给下部基础。同时，座环也是水轮机的过流部件和水轮机的安装基准件。

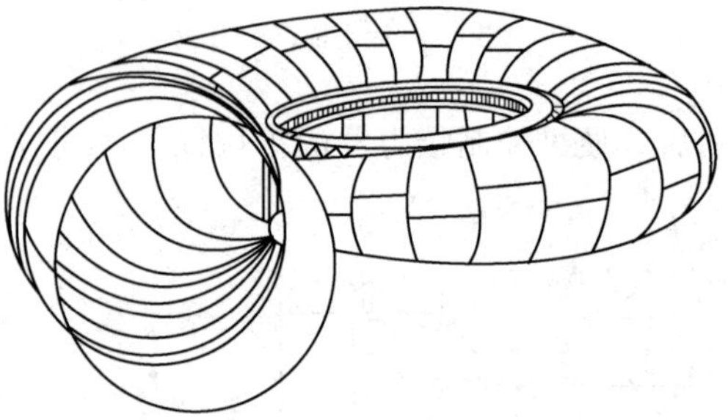

图6-17　金属蜗壳

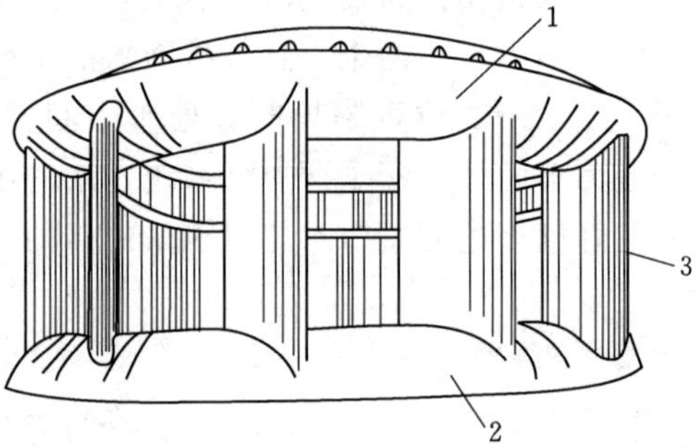

图6-18　水轮机座环

1—上环；2—下环；3—固定导叶

（3）基础环。基础环是连接底环和尾水管锥管，并在安装、大修中用于承放转轮的基础部件，也是安装时水轮机转动部分的承重件，埋设于混凝土中，转轮的下环在其内转动。

（4）尾水管。尾水管是水轮机的泄水部件，其作用是将转轮出口的水流平顺地引向下游，回收转轮出口处水流的动能并利用转轮高出下游水位的位能。常见的尾水管型式为弯肘形，其由直锥管、弯肘段和水平扩散段三部分组成。

4. 水轮机其他部件

（1）主轴。主轴是水轮机的主要部件之一。它的一端与发电机连接，另一端接水轮机转轮。它的作用是将水轮机的旋转机械能传递给发电机，从而带动发电机转子旋转。此外，主轴还承受转轮轴向水推力和转动部件的重量。

（2）主轴密封。主轴密封是用以减少主轴与固定部件之间漏水的装置，是水轮机正常工作的重要保护装置。

（3）水轮机导轴承。导轴承是保持主轴中心位置，并承受径向力的轴承。水轮机导轴承的主要作用是承受机组运行中主轴传来的径向力和振摆力，约束主轴轴线位置。导轴承在结构布置上应尽量靠近转轮，以缩短转轮至轴承距离，保证主轴和转轮运行稳定性和可靠性。按润滑介质不同，水轮机导轴承可分为水润滑和油润滑两种。

另外，水轮机还具有补气装置和真空破坏阀等部件，在此不再一一阐述其作用。

任务6.5 发 电 机

模块6.5.1 发电机的基本知识

水电站中的发电机都为同步电机（以下发电机均指同步发电机），它把原动机的旋转机械能转变为电能，通过输电线路等设备送往用户。

众所周知，导线切割磁力线能产生感应电动势，将导线连成闭合回路，就有电流流过。同步发电机就是利用电磁感应原理将机械能转变为电能的。

图6-19所示为同步发电机示意图。导线放在空心圆筒形铁芯槽里，铁芯是固定不动的，称为定子。磁力线由磁极产生，磁极是转动的，称为转子。定子和转子是构成发电机的最基本部分。为了得到三相交流电，沿定子铁芯内圆，每相隔120°分别安放着三相绕组A—X、B—Y、C—Z，转子上有励磁绕组（也称转子绕组）R—L。通过电刷和滑环的滑动接触，将励磁系统产生的直流电引入转子励磁绕组，产生恒稳的磁场。当转子被原动机带动旋转后，定子绕组（也称电枢绕组）不断切割磁力线，就在其中感应出电动势来。

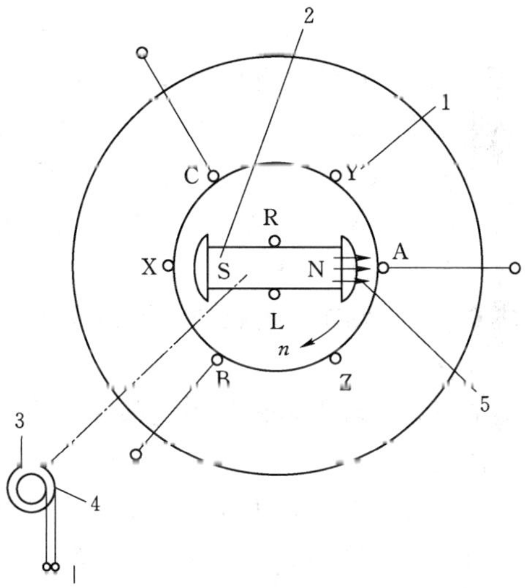

图6-19 同步发电机示意图

1—定子铁芯；2—转子；3—滑环；4—电刷；5—磁力线

感应电动势的方向由右手定则确定。由于导线有时切割N极，有时切割S极，因而感应出的是交流电动势。

转子不停地旋转，A、B、C三相绕组先后切割转子磁场的磁力线，所以在三相绕组中电动势的相位是不同的，依次相差120°，相序为A、B、C。

当发电机带上负荷后，三相定子绕组中的定子电流（电枢电流），将合成产生一个旋转磁场。该磁场与转子以同速度、同方向旋转，这就叫“同步”。

模块6.5.2 水轮发电机的类型

按照水轮发电机组布置方式，水轮发电机有立式装置、卧式装置和斜式装置3种。绝大多数水轮发电机组采用的是立式（竖轴）装置。以下所讨论如无特制均指立式水轮发电机组。

立式装置的水轮发电机，按其推力轴承的装设位置不同，分为悬式和伞式两大类。悬式水轮发电机的推力轴承位于上部机架上，在转子上方，通过推力头将机组整个旋转部分的重量悬挂起来，由此而得名。伞式水轮发电机的推力轴承，装在转子下方的下部机架上或者装在位于水轮机顶盖上推力支架上。

根据水轮发电机冷却方式的不同，可分为空冷式、水冷式、水空冷式以及蒸发冷却等方式。国产大、中型水轮发电机中绝大多数均为封闭自循环空冷方式。

模块 6.5.3　水轮发电机的型号

水轮发电机的型号是其类型和特点的简明标志。其表示法如图 6－20 所示。

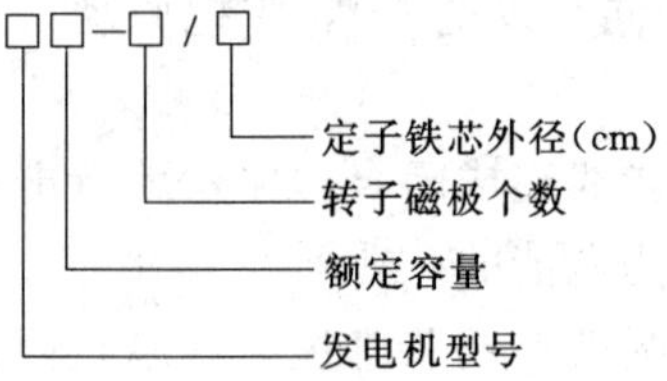

图 6－20　水轮机表示法

我国水轮发电机型号部分由汉语拼音组成，表示符号含义如下。

SF——立式空冷水轮发电机。

SFS——立式水内冷水轮发电机。

SFW——卧式水轮发电机。

SFD——水轮发电—电动机。

SFG——贯式水轮发电机。

模块 6.5.4　水轮发电机的基本参数

水轮发电机的基本参数通常有额定电流 I_n、额定电压 U_n、额定容量 S_n 或 P_n、额定功率因数 $\cos\varphi_n$、额定转速 n_n、飞逸转速 n_f、转动惯量 J、效率 η、电抗 X_d 以及短路比 K_d 等。以上基本参数的定义概念在此不再予以解释，需要了解的读者可以参阅相关的专业书籍。

模块 6.5.5　水轮发电机的主要组成部件

1. 定子

定子是水轮发电机的固定部件之一。它主要由机座、铁芯、绕组以及引出线等其他部件组成。

（1）定子机座。主要作用是固定定子以及承重。

（2）定子铁芯。定子铁芯是水轮发电机磁路的主要通道。由于定子铁芯中存在交变磁通，才在定子绕组上感应出交变电流。因此，把定子铁芯称为磁电交换元件，并在铁芯齿槽中固定定子绕组。

（3）定子绕组。定子绕组的作用是：当交变磁场切割绕组时，便在绕组中产生交变电动势和交变电流，从而完成水能→机械能→电能的最终转换。

2. 转子

转子是水轮发电机的旋转部件，位于定子里面，与定子之间保持一定的空气间隙。转子通过主轴与下面的水轮机连接。它的作用是产生磁场并通过与定子相互作用，将水轮机产生的机械能转换为电能，由定子绕组输出。它由主轴、转子支架、磁轭和磁极等部分组成。磁极是显露的（凸极结构）、首尾两磁极与转子引线相连接，转子引线接至集电环，运行时由励磁装置向集电环供给直流电。

（1）主轴。主轴的主要作用是起到连接发电机与水轮机，将水轮机的旋转机械能传递给发电机转子，另外主轴还承受由于推力负荷引起的拉应力，以及承受单边磁拉力和转动部分的机械不平衡力。

（2）转子支架。大、中型水轮发电机的转子支架是连接主轴和磁轭的中间部件，并起到固定磁轭和传递转矩的作用。

（3）磁轭。磁轭也叫轮环。它的作用是产生转动惯量和固定磁极，同时也是磁路的一部分。

（4）磁极。当直流励磁电流通入磁极线圈后就产生发电机磁场，因此磁极是产生磁场的部件。

3. 机架

机架是水轮发电机不可缺少的重要部件之一。按照机架所安放的位置不同，一般分为装在发电机定子上部的上机架和装在定子下部的下机架；按照机架的承载情况，可分为负荷机架和非负荷机架；按照机架的支臂结构型式可分为辐射型、井字型和桥型等。

4. 推力轴承

水轮发电机组的推力轴承是一种承受整个水轮发电机组转动部分的重量以及水轮发电机的轴向水推力的滑动轴承。按液体润滑理论，在镜板和推力瓦之间由于镜板的旋转运动，会建立起厚度为0.1mm左右的油膜，形成良好的润滑条件，同时经推力轴承将这些力传递给水轮发电机的荷重机架。它是水轮发电机组最重要的组成部件之一，其工作性能的好坏，将直接关系到机组的安全和稳定运行。

5. 导轴承

水轮发电机导轴承的作用是承受机组转动部分的径向机械不平衡力和电磁不平衡力，维持机组主轴在轴承间隙范围内稳定运行。发电机导轴承根据安装位置是在转子上方还是下方可分为上导轴承和下导轴承。有的发电机具有两个导轴承，有的发电机仅具有上导轴承或下导轴承。

6. 通风冷却系统

水轮发电机的冷却直接关系到机组的经济技术指标、安全运行以及使用年限等问题。目前，国内外大、中型水轮发电机多采用全空冷方式冷却。采用全空冷方式冷却，具有制作工艺简单、运行稳定可靠等优点。

7. 制动器

制动器一般位于转子制动环的下方，中、小型机组一般直接安装在下支架上。大型发电机制动器则有独立的基础，即在对应制动环的下部设若干支墩，每个支墩上放置1～2个制动器。制动器的作用有两个，一是制动，二是顶转子。机组在停机过程中，为了避免推力轴承因机组长期在低转速下惯性转动而导致油膜被破坏而使瓦面烧损，因此当机组停机过程中转速下降到某个值时，制动器强制机组较快停下来，从而保护了推力轴承瓦面。

成的急流，对航行威胁很大。

山区河道流态十分复杂。常有回流、横流、漩涡、跌水、水跃、泡水、剪刀水等流态出现，流象极为险恶。

悬移质含沙量一般不大。但在植被甚差的地区，特别是在山洪暴发时，含沙量可能很大；枯水期则相反，含沙量很小，不少山区河流甚至变为清水。

推移质多为卵石及粗沙。由于山区河流洪水历时很短，卵石推移质输沙量一般不大。我国一些山区河流，推移质年输沙量不足悬移质年输沙量的10%。

3. 河床演变

山区河道由于比降陡，流速大，含沙量相对较小，水流挟沙力有富余，这有利于河床向冲刷变形方向发展。但河床多系基岩或卵石组成，抗冲能力强，冲刷受到限制。因此，山区河道变形十分缓慢。

但在某些局部河段，受特殊的边界和水流条件影响，可能发生大幅度的暂时性的淤积和冲刷。例如，峡口滩汛期受峡谷壅水影响，大量砂卵石落淤，枯季壅水消失，落淤的砂卵石被水流冲走，局部地区的冲淤幅度相当可观。

特别是，在遭受突然而强烈的外力因素影响时，往往致使河床发生强烈变形。例如，地震造成的巨大山体崩塌，或因强降雨引发的特大山洪泥石流，都有可能堵江断流而形成堰塞湖，如不及时爆破排险，均有可能造成重大灾害。

7.1 ℗

冲积扇

模块7.1.3 平原河流的基本特性

1. 沉积扇

河流从山区进入平原以后，出山口处形成放射状散流。由于流速骤减，随水流携带而来的泥沙沉积下来，所形成的沉积地貌因呈扇形而称为沉积扇。根据其成因，沉积扇可分为洪积扇和冲积扇两类（图7-4）。

在干旱、半干旱地区，由季节性洪流搬运的泥沙沉积而形成的沉积扇，称为洪积扇。我国西北干旱区山麓地带均有分布。

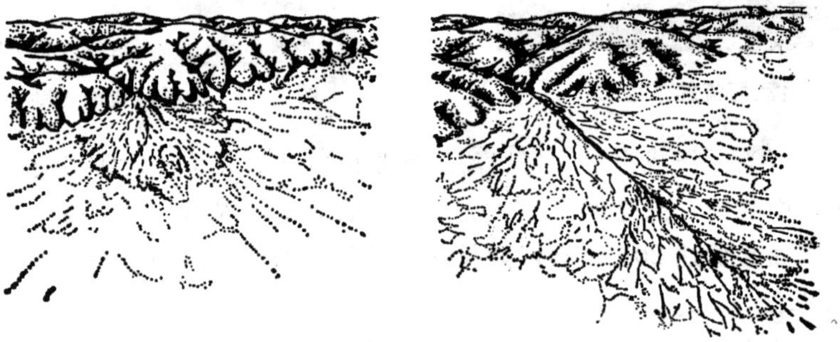

(a) 洪积扇　　(b) 冲积扇

图7-4 两种沉积扇地貌

在湿润地区，由于常年性流水搬运的泥沙沉积而成的沉积扇，称为冲积扇。黄河自孟津由山区流入平原，形成广阔的山前冲积扇。据叶青超的分析，其范围西起孟津，西北沿太行山麓与漳河冲积扇交错，西南沿嵩山东部与淮河上游相接，东邻南四湖，呈放射状向平原散开，面积逾 8 万 km^2。黄河下游冲积扇，实际上是冲积扇的复合体，它是由历史上黄河大改道而形成的桃花峪冲积扇、兰考冲积扇和花园口冲积扇 3 个亚冲积扇构成的。这是因为，黄河下游筑堤束水悠久，筑堤后河槽淤积抬高，日久之后，就会决口，或因扒口而改道。而每次大的改道都会在决口点以下形成一个冲积扇，这些冲积扇互相叠合在一起，便形成当今黄河下游的冲积扇复合体。通常所说的冲积平原河流，是指这类在广阔的山前平原冲积扇上发育演变的河流。

需要说明的是，洪积扇与冲积扇两者并无明显的界限，只是各自的形成与发育环境不同。洪积扇地貌的发育主要与暂时性洪流的发生有关；而冲积扇地貌则是由常年性径流所形成。

2. 冲积平原

冲积平原是在漫长的岁月里由河流的堆积作用所形成的平原地貌，如我国华北平原、江汉平原、东北松辽平原等。这些平原都堆积了深厚的第四纪沉积物。

7.2 Ⓟ
冲积平原

冲积平原可以分为山前平原、中部平原和滨海平原三部分。山前平原是从山区到平原的过渡带，其成因属于冲积-洪积型。

中部平原是冲积平原的主要部分，其沉积物主要是冲积物。河流形态多以汊道、游荡型河流为主。

滨海平原属于冲积-海积平原，其沉积物颗粒更细，沼泽面积大，并有周期性海水侵入，形成海积层（滨海及浅海沉积），与冲积层交替，包括河口及三角洲沉积。

7.3 Ⓟ
河床形态

3. 河床形态

冲积平原河流有深厚的冲积层。冲积层厚度往往深达数十米甚至数百米以上。冲积层的组成具有分层现象，最深处多为卵石层，其上为夹砂卵石层，再上为粗沙、中沙以至细沙，在中水位以上的河漫滩上，则有黏土和黏壤土存在。某些局部地区也可能存在深厚的黏土棱体。

冲积平原河流的河谷断面形态如图 7-5 所示。图中显示洪、中、枯三级水位，与之相应的为洪、中、枯水河槽。如无堤防约束，洪水河槽将相当宽广。通常所说的河槽，一般指中水河槽。中水河槽比较宽浅，断面宽深比一般高达 100 以上。

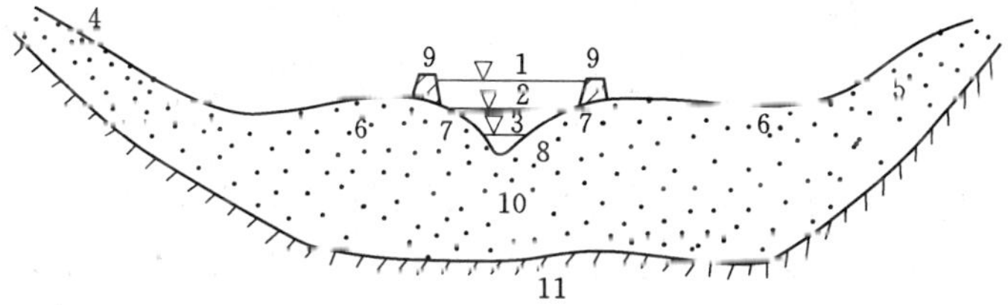

图 7-5　平原河流的河谷断面形态

1，2，3—洪水、中水、枯水位；4—谷坡；5—谷坡脚；6—河漫滩；7—滩唇；8—边滩；9—堤防；10—冲积层；11—原生基岩

7.4 Ⓟ
河流横断面形态

平原河流的横断面形态与河型有关。其横断面形态，可概括为抛物线形、马鞍形、不对称三角形和多汊形等四类，如图 7-6 所示。

平原河流中水河槽的两侧或一侧常存在河漫滩（图 7-7）。它是由河流的堆积作

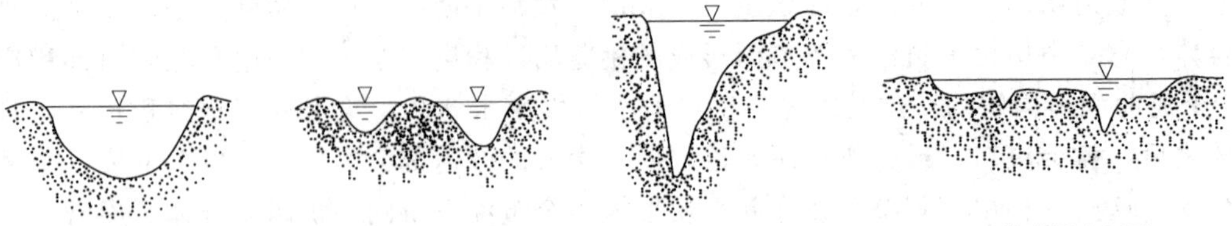

(a) 顺直段抛物线形　(b) 分汊段马鞍形　(c) 弯曲段不对称三角形　(d) 散乱段多汊形

图 7-6 平原河流的横断面

用形成的，洪水季节常被淹没，中枯水时露出水面。若无堤防约束，洪水期水流漫滩后，淹及范围宽广，由于过水断面增大，流速降低，泥沙落淤，造成滩面高程逐年增高。典型的河漫滩横剖面形态如图 7-8 所示。

图 7-7 平原河流的河漫滩

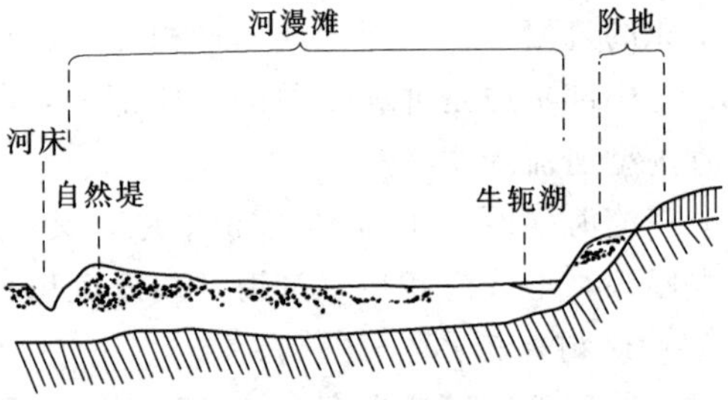

图 7-8 河漫滩横剖面形态

随着时间的推移，有些河流河漫滩的发展消长速度很快，原为主河槽的位置可能变为滩地，而原为河滩的位置可能变为主河槽。例如，我国黄河潼关以上的北干流，在历史上就不断横扫秦晋两省的滩地，时而东濒山西，时而西临陕西，如图 7-9 所示。因此，人们常把这种现象称为“十年河东，十年河西”。

平原河流的河床上常见各种成型堆积体，它是各种形式的大尺度沙丘的统称，包括边滩、江心滩、江心洲，以及边滩与边滩，或边滩与心滩之间的沙埂（在通航河道称为浅滩）等，如图 7-10 所示。这些泥沙堆积体，在水流的作用下处于不断移动变化过程中。

平原河流各类洲滩的区别：依附于河岸，高程较低，在枯水时露出水面的沙滩称为边滩；边滩的下端称为沙嘴；连接上、下边滩或边滩与心滩之间的沙埂，在通航河道上称为浅滩；位于江中较低的沙滩，称为江心滩（或称潜洲），中水淹没，枯水出露，由泥沙淤积或因水流切割边滩形成；位于江心较高的沙滩，称为江心洲，一般在江心滩的基础上落淤形成，其高程大致与河漫滩齐平，或略高于中水位，洪水季节可能上水，滩上生长植物，或种植庄稼，有的还有居民点；高于中水河槽的两侧滩地，称为河漫滩（外滩），洪水淹没，中水出露，滩上一般长有芦苇或灌木，或种植农作物，我国平原河流的河漫滩上一般都建有挡水堤防（图 7-11）。

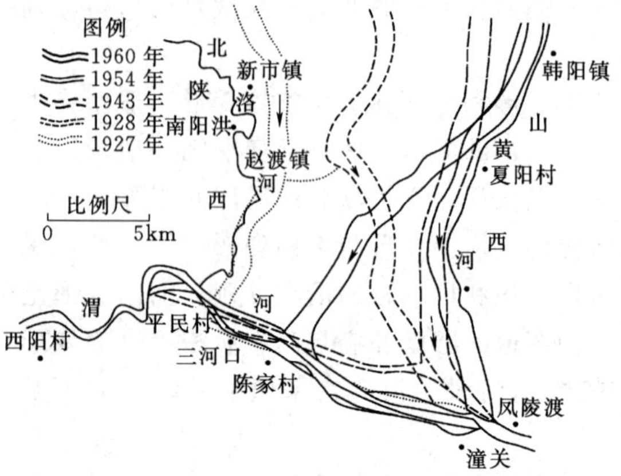

图 7-9　黄河潼关以上北干流近期河道变迁图

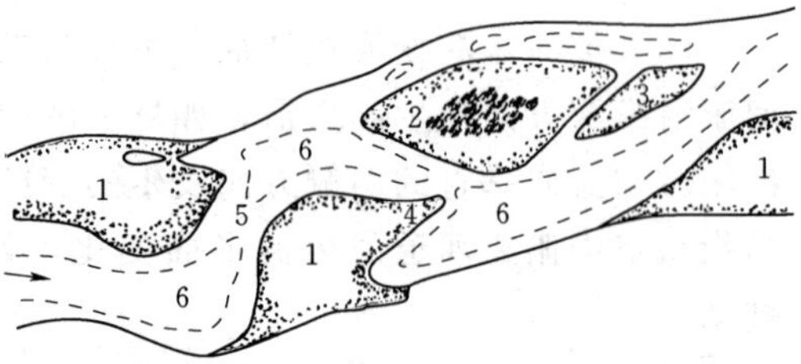

图 7-10　枯水期河道中泥沙成型堆积体

1—边滩；2—江心洲；3—江心滩；4—沙嘴；5—浅滩；6—深槽

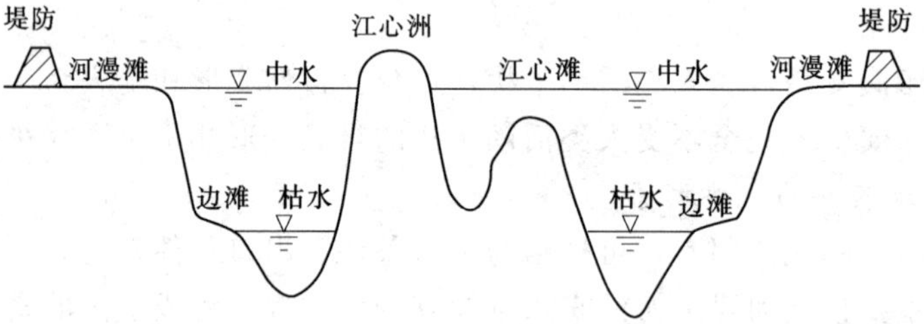

图 7-11　平原河流各类洲滩

4. 河流泥沙

平原河流的水文特性与山区河流有很大的差别。洪水一般无暴涨暴落现象，持续历时相对较长，流量变化与水位变幅相对较小。

7.5 ℗
河流泥沙

水面比降较小，一般在（1～10）$\times 10^{-4}$ 以下，且沿程变化不大。流速相应较小，一般都在 2～3m/s 以下。水流流态较平缓，基本没有山区河流的跌水、泡漩等险恶流象。

平原河流中输移的泥沙，绝大部分为悬移质。推移质泥沙只占输沙总量中很少一部分，通常可以忽略不计。

5. 河床演变

平原河流的河床演变，在输沙平衡状态下，主要表现在河槽中各类泥沙堆积体的发展和变化。主要演变规律是汛期淤积壮大，枯季冲刷萎缩。在水流作用下，平面位置不断发生变化，与此相应，中水河槽的平面外形也会发生变化，河岸有些地方崩退，而在另一些地方则会淤长。

平原河流的河型，一般分为顺直型、蜿蜒型、分汊型及游荡型等四类。

模块 7.1.4　河床演变的基本概述

1. 河床演变分类

(1) 按河床演变的时间特征，可分为长期变形和短期变形。例如，由河底沙波运

动引起的河床变形历时不过数小时以至数天；蛇曲状的弯曲河流，经裁直之后再度向弯曲发展，历时可能长达数十年、百年之久。

（2）按河床演变的空间特征，可分为整体变形和局部变形。整体变形一般系指大范围的变形，如黄河下游的河床抬升遍及几百千米的河床；而局部变形则一般指发生在范围不大的区域内的变形，如浅滩河段的汛期淤积，丁坝坝头的局部冲刷等。

（3）按河床演变形式特征，可分为纵向变形、横向变形与平面变形。纵向变形是河床沿纵深方向发生的变形，如坝上游的沿程淤积和坝下游的沿程冲刷；横向变形是河床在与流向垂直的两侧方向发生的变形，如弯道的凹岸冲刷与凸岸淤积；平面变形是指从空中俯瞰河道发生的平面变化，如蜿蜒型河段的河弯在平面上的缓慢向下游蠕动。

（4）按河床演变的方向性特征，可分为单向变形和复归性变形。河道在较长时期内沿着某一方向发生的变化如单向冲刷或淤积称为单向变形，如修建水库后较长时期内的库区淤积以及下游河道的沿程冲刷；而河道有规律的交替变化现象则称为复归性变形，如过渡段浅滩的汛期淤积、汛后冲刷，分汊河段的主汊发展、支汊衰退的周期性变化等。

（5）按河床演变是否受人类活动干扰，可分为自然变形和受人为干扰变形。近代冲积河流的河床演变，完全不受人类活动干扰的自然变形几乎是不存在的。

2. 影响河床演变的主要因素

影响河床演变的主要因素，可概括为进口条件、出口条件及河床周界条件3个方面。进口条件主要包括河段上游的来水量及其变化过程；河段上游的来沙量、来沙组成及其变化过程。

出口条件主要是出口处的侵蚀基点条件。通常是指控制河流出口水面高程的各种水面（如河面、湖面、海面等）。在特定的来水来沙条件下，侵蚀基点高程的不同，河流纵剖面的形态及其变化过程会有明显的差异。

河床周界条件泛指河流所在地区的地理、地质地貌条件，包括河谷比降、河谷宽度、河底河岸的土层组成等。

3. 河床演变的分析方法

现阶段常用的几种分析途经如下。

（1）天然河道实测资料分析。

（2）运用泥沙运动基本规律及河床演变基本原理，对河床变形进行理论计算。

（3）运用模型试验的基本理论，通过河工模型试验，对河床演变进行预测。

（4）利用条件相似河段的资料进行类比分析。

上述几种分析方法，可以单独运用，也可以综合运用。对于一些重要河流的重要研究课题，有条件时应运用各种方法进行综合研究和论证，以求得到可靠的结论。4种方法中，天然河道实测资料分析方法，是最基本、最常用的方法。

7.6

河床演变

模块 7.1.5　河床演变基本规律

1. 顺直型河段

顺直型河段的主要特点：河身较顺直；犬牙交错状边滩分布于河道两侧，在洪水

期，边滩整体向下游缓缓移动；深槽与边滩相对，深槽位置也随边滩缓慢下移而下移；上、下深槽之间的沙埂（浅滩），洪水淤积，中、枯水冲刷；深槽则相反，洪水冲刷，中、枯水淤积（图 7－12）。

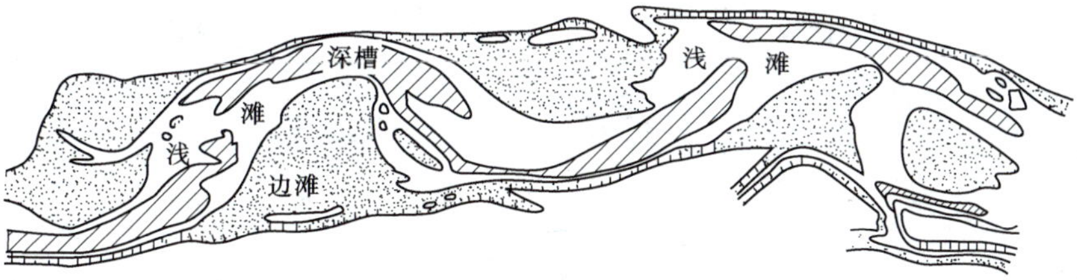

图 7－12 顺直型河道

由于顺直型河段中两岸边滩不断向下游移动，使得河道处于不稳定状态，因而给一些部门带来不利影响。首先是浅滩位置不固定，航道多变，可能给航行带来困难；其次是当边滩运行到港口位置时，会造成港口淤积，造成船舶停靠困难；再是对取水的影响，当边滩运行到取水口位置时，将造成取水困难，甚至无法取水。对这些不利影响，应采取工程措施加以解决。

2. 蜿蜒型河段

蜿蜒型河段是冲积平原河流中最常见的一种河型。我国“九曲回肠”的长江下荆江河段（图 7－13），就是典型的蜿蜒型河段。

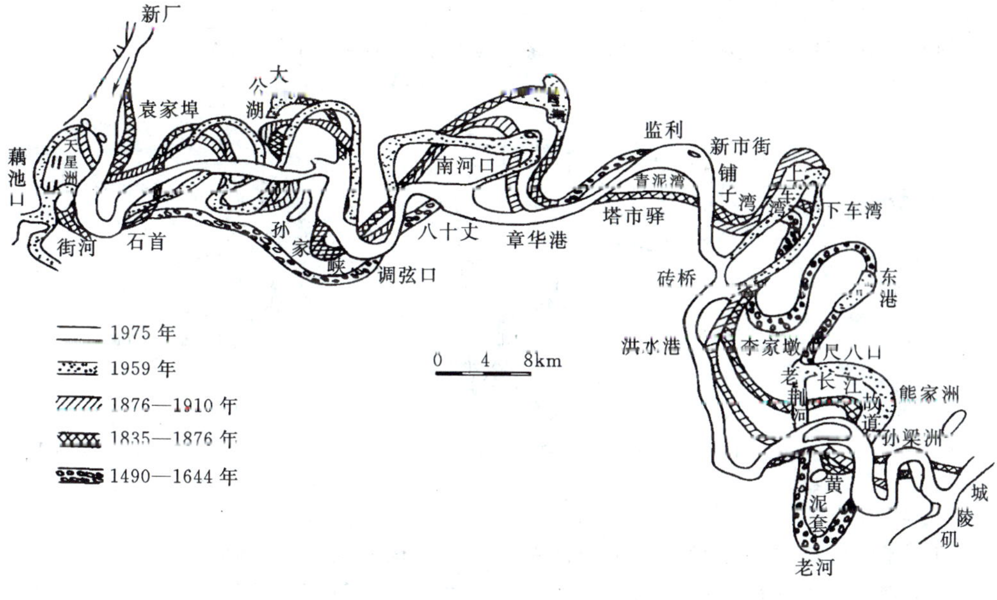

图 7－13 下荆江蜿蜒型河段

（1）形态特性。蜿蜒型河段的平面形态，由一系列正反相间的弯道段和过渡段连接而成，如图 7－14 所示。图中弯曲部分称为弯道段，上、下两弯道段间的连接段称为过渡段。岸线凹进一侧的河岸称为凹岸，凸出一侧的河岸称为凸岸。弯道段靠凹岸

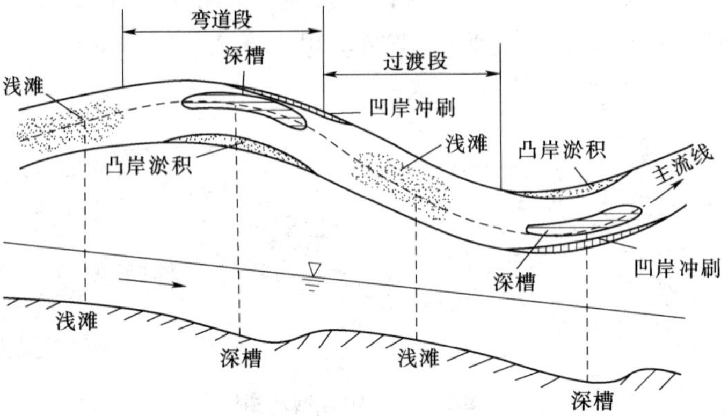

图 7-14 蜿蜒型河段的平面及剖面形态

一侧为深槽，凸出一侧为边滩。过渡段中部河床隆起，在通航河道常因碍航而被称为浅滩。蜿蜒型河段的河床纵剖面形态呈上下起伏状态，深槽处水深最大，浅滩处水深最小。

(2) 水沙特性。弯道水流运动受重力和离心惯性力的双重作用，水位沿横向变化，凹岸一侧高于凸岸一侧，存在弯道水面横比降，形成横向环流。环流的方向，其上部恒指向凹岸，下部恒指向凸岸。图 7-15 所示为下荆江实测的环流情况。

弯道水流动力轴线具有“低水傍岸，高水居中”，或“低水走弯，高水走滩”的特点。与此相应，顶冲点的位置具有“低水上提，高水下移”的特点。顶冲部位一般是，低水时在弯顶附近或稍上，高水时在弯顶以下，如图 7-16 所示。

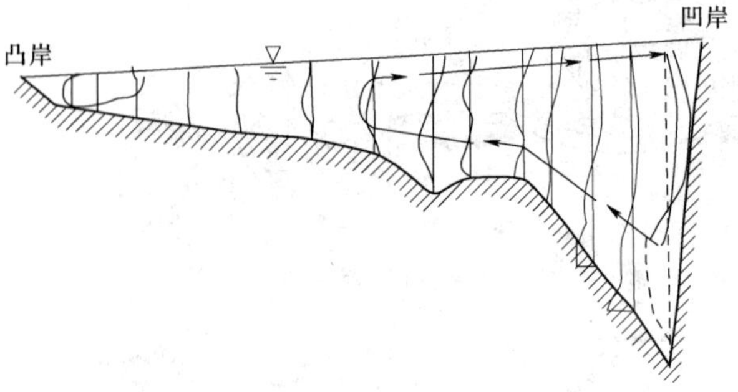

图 7-15 下荆江实测环流（来家铺）

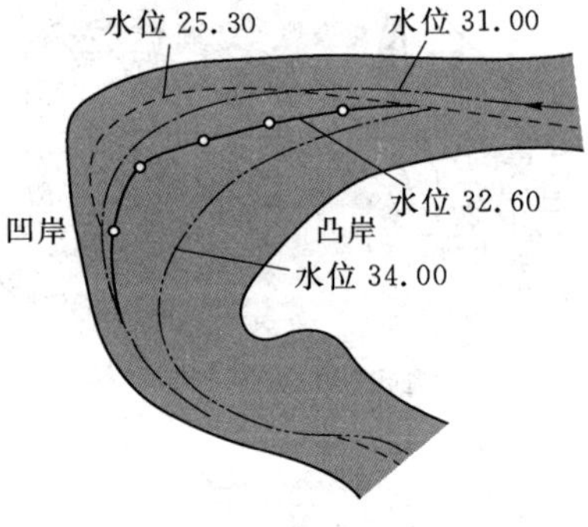

图 7-16 弯道水流动力轴线平面变化（单位：m）

蜿蜒型河段的泥沙运动，突出的特点是泥沙的横向输移，即横向输沙不平衡。这种现象表现为，在横向环流的作用下，沿水深方向环流下部的输沙率恒大于上部的输沙率。由于环流方向是，上部指向凹岸，下部指向凸岸，因此出现泥沙从凹岸沿下部向凸岸的横向转移现象。

(3) 演变规律。

1) 一般规律。蜿蜒型河段从整体看处在不断演变之中。从平面变化看，随着凹岸冲刷和凸岸淤长进程的发生，其蜿蜒程度不断加剧，河长增加，弯曲度随之增大。就其整个变化过程看，河弯在平面上不断发生位移，并且随弯顶向下游蠕动而不断改变其平面形状。图7-17所示为下荆江尺八口河弯发展过程示意图。

横向变形特点，表现为凹岸崩退和凸岸淤长。由图7-18可见，凹岸迎流顶冲，河岸崩坍后退；凸岸边滩则因淤积而不断淤高长大。在横向变化过程中，横断面形态相似，冲淤的横断面面积接近相等。

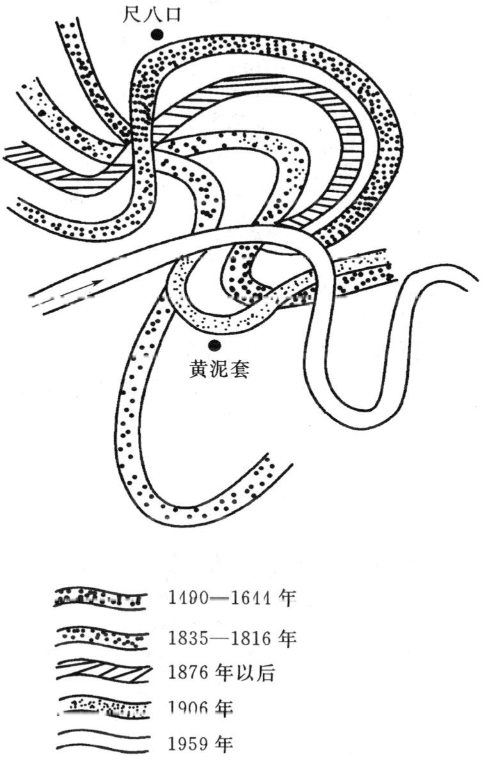

图7-17　尺八口河弯历史变迁

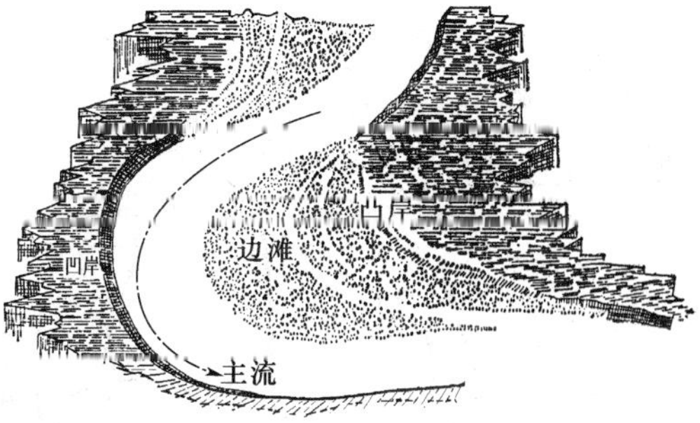

图7-18　蜿蜒型河段凹冲凸淤现象

纵向变形特点：弯道段洪水期冲刷，枯水期淤积；过渡段则相反，洪水期淤积，枯水期冲刷。但在一个水文年内，冲淤变化基本平衡。

2）突变现象。

a. 自然裁弯。蜿蜒型河段的发展，由于某些原因使同一岸两个弯道的弯顶崩退而形成急剧河环和狭颈。当狭颈发展到离起止点相距很近、水位差较大时，如遇大水年，水流漫滩，在比降陡、流速大的情况下，便可冲开狭颈而形成一条新河。这种现象称为自然裁弯。图7-19所示为下荆江的两处自然裁弯情况。

7.7
自然裁弯

b. 凹岸撇弯。当河弯发展成曲率半径很小的急弯后，遇到较大的洪水，水流弯曲半径远大于河弯曲率半径。这时在主流带与凹岸急弯之间产生回流，造成原凹岸急弯部位淤积，这种现象称为撇弯。图7-20所示为下荆江上车湾撇弯现象。

c. 凸岸切滩。在曲率半径适中的河湾中，当凸岸边滩延展较宽且较低时，遇到

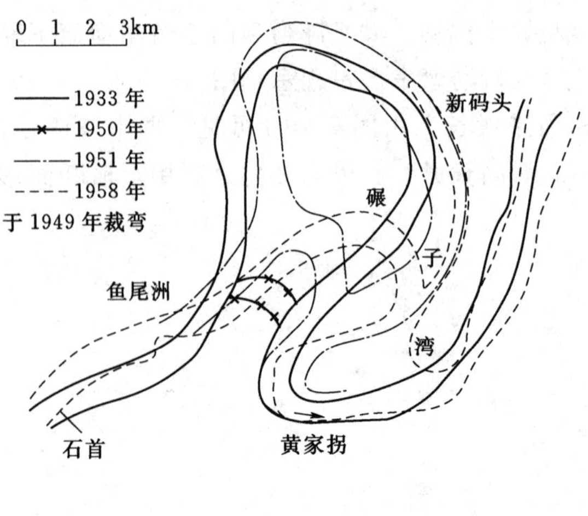

(a) 碾子湾(1949年7月)

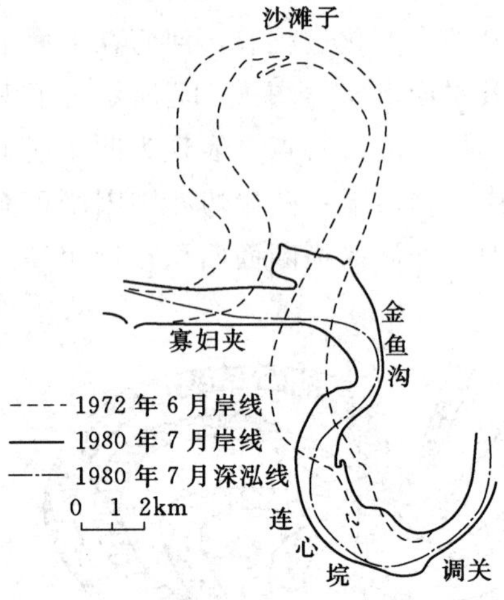

(b) 沙滩子(1972年6月)

图7-19　下荆江自然裁弯

较大的洪水年，水流弯曲半径大于河岸的曲率半径较多，这时凸岸边滩被水流切割而形成串沟并分泄一部分流量，这种现象称为切滩。图7-21所示为长江下荆江发生的切滩。

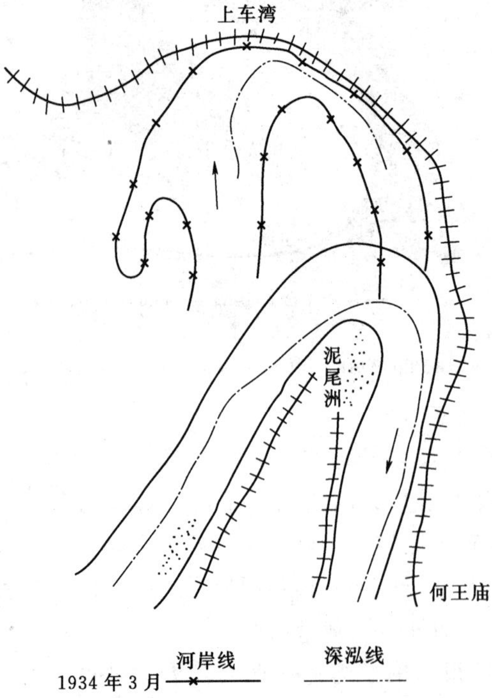

图7-20　下荆江上车湾撇弯

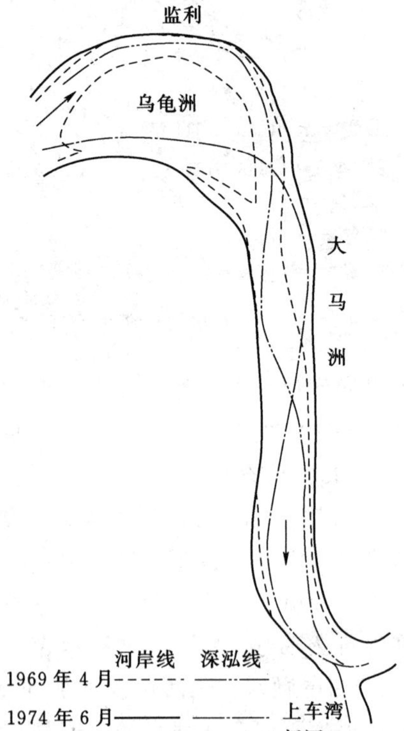

图7-21　下荆江监利切滩

3. 分汊型河段

(1) 形态特性。单个的分汊河段，其平面形态是上、下两端窄而中间宽。中间放宽段可能是两汊或多汊，各汊之间为江心洲。

对于两汊情况，分流比大于50%的汊道称为主汊；分流比小于50%的汊道称为支汊。自分流点至江心洲头为分流区，洲尾至汇流点为汇流区，中间则为分汊段。长江中下游按平面形态的不同，分为顺直型、微弯型和鹅头型三类（图7-22）。横断面在汊道段，为江心洲分隔的复式断面（图7-23）。

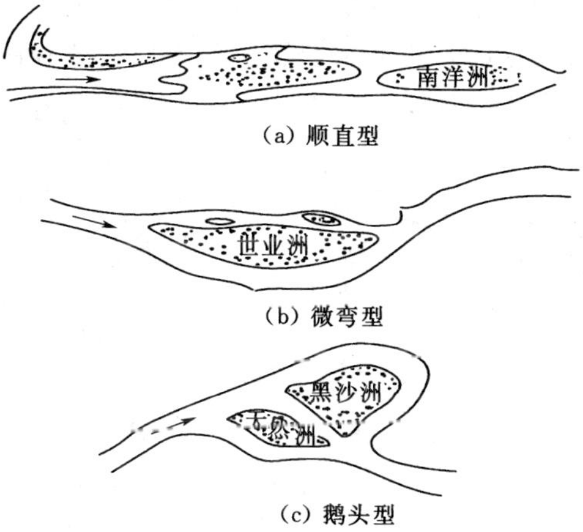

图7-22 汊道类型

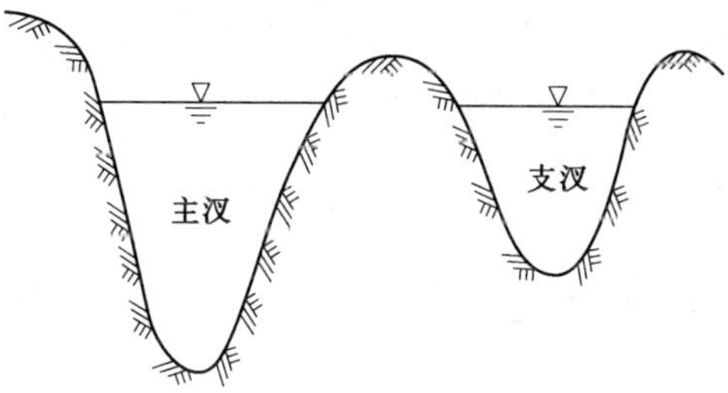

图7-23 汊道横断面形态

河床纵剖面呈两端低中间高的上凸形态，河床高程支汊高于主汊；而几个连续相间的单一段和分汊段，则呈起伏相间的形态，与蜿蜒型河段的过渡段和弯道段的纵剖面形态相似。图7-24所示为长江镇扬河段河床纵剖面。

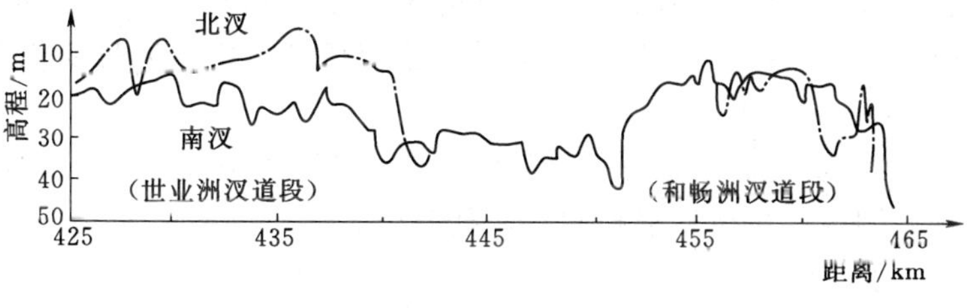

图7-24 长江镇扬河段河床纵剖面

汊道平面形态常用几个特征指标衡量：各股汊道的总长与主汊长度之比，称为分汊系数；汊道段的最大宽度（包括江心洲）与汊道上游单一段宽度之比，称为放宽率；汊道段的长度与汊道段最大宽度之比，称为分汊段长宽比；江心洲长度与其最大宽度之比，称为江心洲长宽比。

(2) 水沙特性。在分流区，分流点的位置变化，一般是"高水下移，低水上提"。分流点是指主流线在分流区的分汊点。分流区的水位，支汊一侧高于主汊一侧；水面纵比降，支汊一侧小于主汊一侧。

汊道分流习惯上用分流比表示，它是指通过某一汊道的流量占总流量的百分比。

汊道分沙常用分沙比表示，它是指通过某一汊道的沙量占总沙量的百分比。

通过对汊道分流、分沙比的变化分析，可以预测汊道河床的演变趋势。

(3) 演变规律。分汊型河段的演变较为复杂。其共同性的演变规律表现为汊道外形的平面移动，洲头、洲尾的冲淤消长，汊道内河床的纵向冲淤，以及主、支汊的易位。

主、支汊易位是分汊型河段最具历史意义的演变特点。即在经历一定时期的演变之后，原先的主汊变为支汊，而原支汊变为主汊。在易位发生过程中，原主汊河床淤积抬高，断面尺度缩小；原支汊河床则冲刷下切，断面尺度扩大。其发生原因是多方面的，其中最主要的是汊道上游水流动力轴线的摆动，从而引起汊道分流比、分沙比的改变所致。图 7－25 所示为武汉天兴洲汊道主、支汊易位的例子。

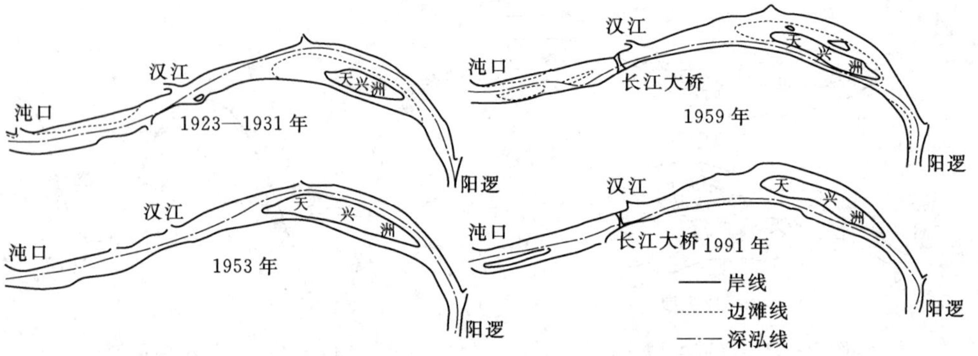

图 7－25　长江武汉天兴洲汊道

4. *游荡型河段*

我国黄河下游孟津—高村河段，永定河下游卢沟桥—梁各庄河段，汉江丹江口—钟祥河段，渭河咸阳—泾河口河段，都是典型的游荡型河段。

游荡型河段的显著特点：河床宽浅散乱，主流摆动不定，河势变化急剧。因此，对防洪、航运、工农业用水等各部门常常带来不利影响。

(1) 形态特性。从平面形态看，游荡型河段河身比较顺直，曲折系数一般不大于 1.3。在较长的范围内，往往宽窄相间，呈藕节状。河段内河床宽浅，洲滩密布，汊道交织，如图 7－26 所示。

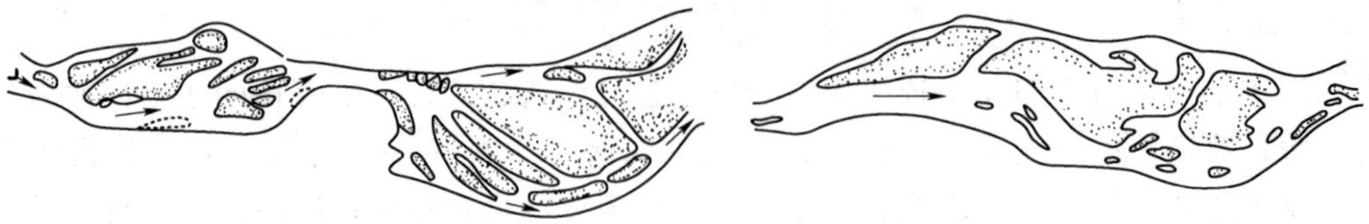

(a) 黄河花园口河段　　(b) 汉江白家湾河段

图 7－26　游荡型河段平面形态

河床纵比降较大。如黄河下游游荡型河段的比降在 $(1.5\sim4.0)\times10^{-4}$ 之间，永定河下游约为 5.8×10^{-4}，汉江襄阳—宜城约为 1.8×10^{-4}。

横断面相当宽浅。图 7－27 所示为黄河花园口大断面，河宽竟达数千米，而滩槽高差则很小。

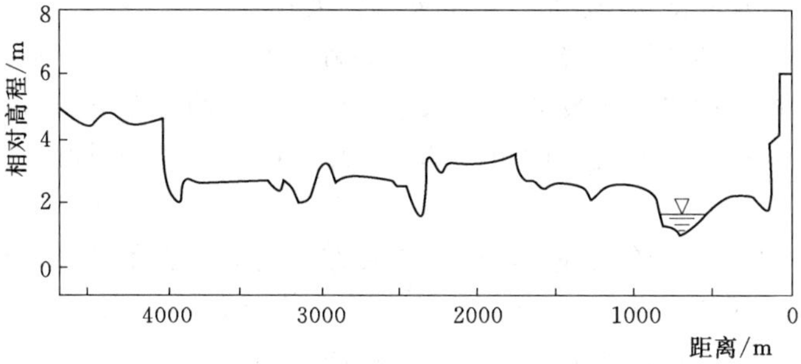

图 7－27　黄河花园口断面

(2) 水沙特性。游荡型河段平均水深很小，流速较大。如黄河花园口河段，平均水深一般在 1～3m 之间，但流速可达 3m/s 以上。

洪水的暴涨暴落，年内流量变幅大。例如，黄河秦厂站的水文过程，河水水量年内随时间分布很不均匀，表现在河道水域上呈现“平时一条线，伏秋一大片”的现象，即是说黄河平时水少，河道相对较窄；而夏、秋季节水多，河道相对宽浅。

含沙量很大，同流量下的含沙量变化很大，流量与含沙量的关系极不明显。也就是说，同流量下的输沙率变化很大。

黄河下游游荡型河段的输沙具有“多来多排、少来少排”现象。即河道某测站的输沙率不仅与本站流量有关，还与上游站的含沙量有关，也就是在同一流量下，下游站的输沙率随着上游站的含沙量增大而增大。

游荡型河段由于比降大，床沙组成细，因而河床的稳定性很差。

(3) 演变规律。

1) 多年平均河床逐步抬高。

2) 年内汛期主槽冲刷，滩地淤积；非汛期，则主槽淤积，滩地崩塌。

3) 主槽平面摆动不定，河势变化剧烈。

例如，黄河下游游荡型河段，据秦厂—柳园口河段的实测资料，在一次洪峰涨落过程中，河槽深泓线的摆动宽度每天竟达 130m。柳园口河段多年河势变化，1951 1972 年主流线沿着 4 条基本流路多次发生变化，最严重的一次为 1954 年 8 月下旬，在一次洪峰过程中，柳园口附近主流一昼夜内南北摆动竟达 6km 以上，其变化速度是惊人的。

黄河下游河道主流的剧烈摆动，造成滩地大量坍塌，许多村庄掉入河中。从 20 世纪 60 年代初到 70 年代初的 10 年间，花园口到陶城铺逾 300km 长的河段里，共塌失滩地 40 余万亩，有 250 多个村庄掉到河中。

任务 7.2　治　河　工　程

我国幅员辽阔，江河众多，洪水灾害频繁。全国约有 35％的耕地、40％的人口和70%的工农业产值处于江河洪水位以下。全国每年的洪灾直接经济损失，少则几百亿元，多则几千亿元。1998年长江、松花江大洪水，触目惊心、国人难忘。该年洪灾造成直接经济损失2551亿元。洪水灾害损失在各类自然灾害中位居首位。

洪水是中华民族的心腹大患，不仅严重威胁着人民的生命财产安全，而且影响到社会安定和经济社会的可持续发展。洪水是一种不以人的意志为转移的自然现象，彻底根除洪水和期望洪灾不再发生的想法都是不现实的，只能防洪减灾。

模块7.2.1 概述

治河工程也称河道整治工程，河流由于具有可动的边界条件和不恒定的来沙来水条件，总是处于不断的变化过程中。这种变化许多情况下可能会产生巨大的破坏作用，必须采取工程措施加以控制，这类工程措施称为治河工程。

据史料记载，从公元前206年至公元1949年的2155年间，我国共发生较大洪灾1029次，平均每两年一次。从公元前206年至公元1911年的2117年间，长江共发生洪灾214次，平均10年一次。黄河从公元前602年至公元1938年的2540年间，下游决口泛滥的年份有543年，决溢次数达1590余次，较大的改道26次。

自中华人民共和国成立以来，经过近70年的防洪建设，修建了大量堤防、水库、分蓄洪工程及河道整治工程，江河防洪标准有了很大提高，主要江河常遇洪水基本得到控制。但随着人口的增加，山区毁林垦荒，水土流失加剧，中下游围湖占滩与水争地，每年仍不免一定程度的水灾发生。特别指出的是城市防洪问题：经济政治文化的中心，人口密集，财产集中，大多数集中在江河中下游、湖畔和海滨，防洪标准不高，排涝功能不健全。

江河防洪减灾系统（体系），是指各种旨在减少灾害损失所采取的工程措施与非工程措施的综合防治体系。

工程防洪措施是通过采取工程手段控制调节洪水，以达到防洪减灾的目的。主要包括水库工程、蓄滞洪工程、堤防工程、河道整治工程等四大方面。

非工程防洪即指通过行政、法律、经济等非工程手段而达到防洪减灾的目的。它是一项新的防洪思路与措施。

模块7.2.2 河道整治规划设计标准

1. 设计流量和水位的确定

（1）洪水河槽整治设计流量和水位。以防洪为目的的洪水河槽设计流量和水位的确定，一般按照当地防洪标准，选择与之相应的洪峰流量或水位，作为设计河道整治建筑物（如堤防等）高程的依据。

（2）中水河槽整治设计流量和水位。中水河槽主要是在造床流量下形成的，故中水河槽整治设计流量和水位的确定，实际上是要确定造床流量及其相应的水位。一般情况下，平河漫滩的流量接近于造床流量，故也常用平滩流量及其相应的水位作为设计流量和设计水位。

（3）枯水河槽整治设计流量和水位。治理枯水河槽主要是为了解决航运问题，其中特别是保证枯水航深问题。设计枯水位一般应根据长系列日均水位的通航保证率来确定。

2. 整治线

整治线即治导线，制定整治线的原则与前述河势规划的原则基本相同，必须使水流沿着规划的整治线流动时，尽量能满足国民经济各部门的要求。随着设计流量的不同，整治线也有所不同。

规划整治线的任务，主要是确定整治线的位置、宽度和线型。

整治线的位置应根据整治的目的和要求，遵循因势利导的原则，除考虑本河段的演变发展趋势外，还要考虑上下游河势，现有护岸工程和沿河节点的分布，以及有关河道建筑物的位置、方向，力求整治后的河岸线能平顺衔接，顺应河势，适应水沙变化规律，满足各方面的要求。

整治线线型的确定。河道整治线一般为曲线，在曲线与曲线之间连以适当长度的直线过渡段。

整治线的平面尺度即弯道要素的确定，一方面应从分析本河段河道平面外形入手，找出其出现概率较大且能保持较长时间的一些弯道形态，以此作为河势规划的重要参考依据。

3. 河槽横断面

整治线宽度 B、河槽平均深度 h，即横断面尺度，不能任意给定，必须与河流自然条件相适应。经常采用的方法是选择本河道的模范河段，求出其在设计流量下的断面河相关系，并依此控制规划河段的断面形式，如图 7-28 所示。

模范河段是指在河床形态方面，应该是河岸略呈弯曲，深槽较长而浅滩较短，水深沿流程变化不大，过渡段沙埂方向与水流接近垂直，枯水时无分汊现象等，在水流方面，应该是主流比较稳定，流态平顺，流速适中，洪、中、枯水流向交角较小。这样的河段必要时也可借鉴邻近相似河流的资料。

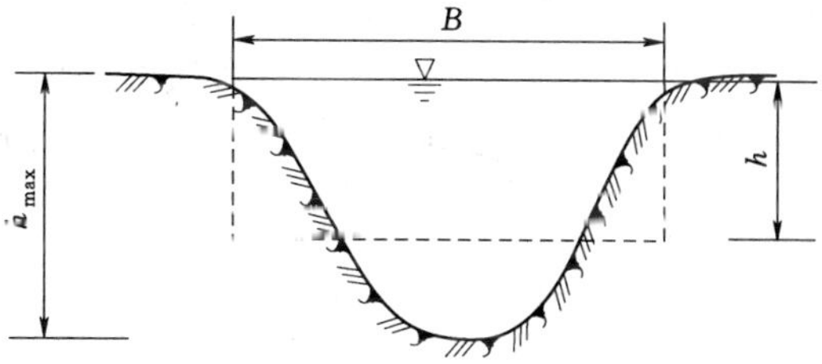

图 7-28 河槽横断面

模块 7.2.3 平原河流整治措施

平原河流按其平面形态和演变特性的不同，可分为蜿蜒型河段、游荡型河段、分汊型河段和顺直型河段四大类型。

蜿蜒型河段是冲积平原河流最常见的一种河型，这种河型在国内外分布十分广泛。蜿蜒型河段形态蜿蜒曲折，由于弯道环流作用和横向输沙不平衡的影响，弯道凹岸不断发生冲刷崩退，凸岸则相应发生淤长，河湾在平面上不断发生位移，蜿蜒曲折的程度不断加剧，待发展至一定程度便会发生撇弯、切滩或自然裁弯。

就防洪而言，弯道水流遇到的阻力比同样长度的顺直河段要大，蜿蜒型河段对航运、引水工程、港埠、河岸稳定都是不利的。

1. 整治措施

蜿蜒型河段的整治措施，根据河段形势可分为两大类：一是稳定现状，防止河段形势向不利的方向发展；二是改变现状，使河段形势朝有利的方向发展。

（1）稳定现状措施。当河湾发展至适度弯曲的河段时，对弯道凹岸应加以保护，以防止弯道的继续发展和恶化。只要弯道的凹岸稳定了，过渡段也可随之稳定。

（2）改变现状措施。因势利导，通过裁弯工程将迂回曲折的河道改变为有适度弯曲度的连续河湾，再将河势稳定下来，获得防洪、航运和满足沿河国民经济建设需要的综合效益。

2. 人工裁弯工程

河道人工裁弯工程是改变蜿蜒型河段现状的措施，在国内外已有较长历史。欧洲早期的欧式裁弯法；美国的引河法现也在世界各地广泛应用；我国古代黄河就有开挖引河的裁弯方法。

人工裁弯存在的问题，主要是新河控制工程不能及时跟上，新河回弯迅速；其次是因对上、下游河势变化考虑欠周，以致出现新的险工，有时为了防护河岸而投入的护岸工程费用大大超过了裁弯工程，并形成被动局面。

因此，有必要特别强调人工裁弯工程的全面规划，对新河、老河，上、下游，左、右岸，近期和远期可能产生的有利影响和不利影响，要予以充分研究，使所实施的裁弯工程更趋完善。

（1）引河定线。引河设计是裁弯工程成败的关键。其基本要求：引河能顺利冲开，并满足枯水通航的要求；引河与拟裁弯道的上、下游河段形成比较平顺而又顺乎自然发展趋势的河势；裁弯工程量小。

引河设计首先要分析人工裁弯的可行性，见图7-29。其主要依据是“裁弯比”，即老河与引河轴线长度的比值。根据实践经验，该比值以在3～7之间为宜。

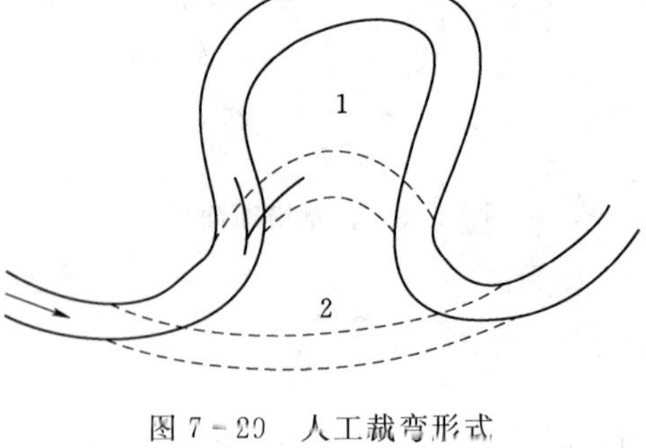

图7-29 人工裁弯形式

1—内裁；2—外裁

引河的平面形态，应设计成曲率适度的微弯曲线，并注意进、出口与老河的平顺衔接。引河的形式有内裁和外裁两种。外裁因引河线路较长，增加比降不多，不利于引河的冲深拓宽，同时上、下游衔接很难平顺，故很少采用。内裁一般在弯颈处，因引河线路短，容易冲开，且进口位于上游弯道凹岸的稍下方，出口位于下游弯道凹岸的上方，进口迎流，出口平顺，满足正面进水、侧面排沙的原则，因此普遍采用。

（2）引河断面设计。引河开挖断面的设计原则是，在保证引河能够及时冲开，以满足各行业特别是航运部门要求的前提下力求土方量最小。设计内容包括引河河底高程和横断面尺寸。

引河河底高程的确定，从水流方面讲，要求断面宜深不宜宽，即引河河底高程宜低不宜高；就航运而言，要求引河开放后应满足通航标准。为此，通常需通过河工模型试验或河床变形计算来确定引河的开挖深度。

引河横断面一般设计成梯形，其边坡系数由土壤性质确定。在通航河道上进行人工裁弯，引河底宽及底部高程应根据水流条件及航道尺度确定。若不能保证引河开放后很快即可达到通航的尺度要求，则应一次性开挖到通航标准断面。

（3）护岸工程。在引河过流初期，由于水面比降明显大于原河道，加之多引入含水量较低的表层水流，水流挟沙能力很大，引河在冲深的同时，两岸不断崩塌拓宽，其崩退速率远远大于原河道河湾的崩岸。为了防止继续回弯，进而再形成河环，当河岸崩塌到设计新河岸线附近时，就应及时进行护岸。在引河防护工程设计中，常采用设置预防石的办法，即事先在岸滩上备足石料，待岸线崩退到此处时，自行坍塌，形成抛石护岸。引河发展的这种特有崩岸现象及其防护工程的布设方法，应纳入裁弯工程规划设计的统一考虑之中。

河道实施裁弯工程后，在上游河段，由于溯源冲刷，可能导致河床的纵向刷深，进而诱发河床的平面变形。但在上游河势得到基本控制的情况下，这种变化对河段原有的演变特点和趋势并无较大改变，只是演变速度有所提高，特别是一些护岸工程常因河床刷深而有所挫动下滑，应当及时补填整修。在下游河段，经常出现的问题是，引河出流顶冲河岸，引起崩岸甚至下游河势的变化，同时因上游河段溯源冲刷带来的泥沙，也可能在下游河段产生淤积，引起洪水位的抬高。在工程设计中应充分考虑这些变化，并采取相应的对策措施。

游荡型河段在我国以黄河下游孟津至高村河段最为典型。游荡型河段河势急剧变化，所造成的主要问题如下。

1）河势突变，常出现“横河”“斜河”，大溜直接顶冲堤岸，危及黄河大堤安全。

2）滩区滚河，主流直冲平工堤段，若抢守不及时，就会造成大堤决口。

3）河势变化，造成滩地剧烈塌失，且此冲彼淤。

4）沿河工农业引水困难，航运很不发达。

根据多年治黄经验，游荡型河段宜整治成比较窄深归顺、依托岸滩工程形成连续弯曲的河道，这样的河势较为稳定，有利于防洪、取水、航运等国民经济各部门的发展。由于泥沙问题是黄河游荡型河段难治的症结所在，要彻底治理好游荡型河段，应坚持标本兼治、综合治理的方针，即采取“上拦下排，两岸分滞”控制洪水，“拦、排、放、调、挖”处理和利用泥沙。

黄河下游河道整治工程主要由险工和控导工程两部分组成。在经常临水的危险堤段，为防止水流淘刷堤防，依托大堤修建的丁坝、垛、护岸工程叫做险工。按平面外形，险工又可以分为凹入型、平顺型和凸出型三类。为了保护滩岸，控导有利河势，稳定中水河槽，在滩岸上修建的丁坝、坝垛和护岸工程称为控导护滩工程，简称控导工程。险工和控导工程相互配合，共同起到控导河势、固定险工位置、保护堤岸的作用。

黄河下游游荡型河段河势控制的做法如下。

1）整治原则。以防洪为主，在确保大堤安全的前提下，兼顾护滩、护村，以及引水和航运的要求；稳定中水河槽，控导主流，以利于排洪、排沙入海。

2）工程措施。以坝护湾，以湾导溜。

3）整治标准。黄河下游中水河槽的主要任务是排洪、排沙。其整治流量和整治宽度，采用实测多年平均平滩流量和平均的主河槽宽度。

4）治导线形式。一类是连续均匀弯道；另一类是陡弯式，即开始的弯曲半径较小，后接一个较长的直线段，再接下一个河湾。

5）治理效果。经过河势规划和整治后效果显著。

制订治导线步骤大致如下。

1）概化基本流路。根据历年河势图进行分析归纳。

2）规划治导线。按照因势利导、充分利用现有工程的原则，参照河湾形态关系，规划出几种治导线，以资分析比较。

3）论证弯道行河的概率。

4）对一些重要河段，还应进行河工模型试验，验证规划方案的正确性，并对有关参数进行适当修正。

分汊型河段一般在其上下游均有节点控制，其演变特征主要表现为主、支汊河段的交替兴衰，但周期较长。

分汊河段的河势控制，应着重研究上游河势与本河段河势变化的关系。对于分汊河段的整治，首先应稳定上游河势，利用工程措施调整水流，至于本河段的河势控制，则应根据河势发展趋势和国民经济建设的需要，或采用工程措施，稳定主、支汊分流比，或采用堵汊并流、塞支强干等各种方案。

当分汊型河段处于有利状态时，可以采取在上游节点处、汊道入口处以及江心洲首尾修建护岸及鱼嘴工程使其固定或稳定下来。节点控导及稳定汊道常采用的工程措施是平顺护岸。江心洲首、尾部位的工程措施，通常是分别修建上、下分水堤。

当分汊型河段的发展演变与国民经济各行业的要求不相适应时，则常采用调整水流与调整河床两方面改善汊道的工程措施，前者常常是修建顺坝或丁坝，后者则往往是采取疏浚或爆破等措施。

顺直型河段，由于犬牙交错的边滩不断下移，使得河道处于不稳定状态，对防洪、航运、港埠和引水都不利。那种认为顺直单一河型较稳定，并希望把天然河道整治成顺直河型的做法，其实并不合乎实际，也难以实现。

顺直型河段的整治原则是，将边滩稳定下来，使其不向下游移动，从而达到稳定整个河段的目的。

稳定边滩的工程措施多采用淹没式丁坝群，坝顶高程均在枯水位以下，且一般为正挑式或上挑式，这样有利于坝档落淤，促使边滩的淤长。在多沙河流上，也可以采用编篱、网坝等简易措施或其他缓流助淤措施。当边滩个数较多时，施工程序应从最上游的边滩开始，然后视下游各边滩的变化情况逐步进行整治。

7.8 Ⓟ

河道整治

模块7.2.4　河道整治建筑物

1. 河工建筑材料和建筑物分类

河道整治建筑物又称河工建筑物，常用的有堤防、护岸、丁坝、顺坝、锁坝、沉排及人工环流建筑物等。河道整治的手段可分为两大类：一类是在河道上修建整治建筑物，以调整水流泥沙运动方向，从而控制河床的冲淤变形；另一类是疏浚或爆破，多用于航道整治工程中，通过直接改变河床形态，达到增加航道尺度的目的。这两类手段有时分别使用，有时结合使用。

河道整治建筑物一般投资较大，因此，人类在治理江河的长期实践中，不断探索适合本国国情和当地自然条件的最佳材料和建筑型式。在我国，整治建筑材料除了传统的材料如土、石、竹、木、梢、秸、树、草袋、麻绳等仍被广泛采用外，20多年来，随着化学工业的蓬勃发展，高分子聚合材料如由聚丙烯（PP）、聚乙烯（PE）、聚酰胺（PA）、聚酯（PER）、高密度聚乙烯（HDPE）和聚氯乙烯（PVC）等制成的土工合成材料和其他塑料产品在工程建设中得到了广泛应用。

在水利工程中常用的土工合成材料有土工织物（包括织造型和非织造型）、土工膜、土工复合材料、土工特种材料等，主要用作防渗、反滤、隔离、护岸防冲和土体加筋与加固等。由于这种材料坚韧耐磨、质轻抗腐、价格低廉和施工简便等优点，它在治河工程和防洪抢险、海岸工程以及其他土木工程中，成为一种很有发展前途和一定竞争能力的新型工程材料。另外，如混凝土、钢筋混凝土以及其他化学固化剂等在防护工程中也被普遍采用。这些建筑材料，有些是直接用来修建整治建筑物，有些则是预制成建筑物的构件，然后用来修建整治建筑物。

选择的材料要能适应复杂的气候、水流条件以及河床变形，必须具有较好的防腐抗冲性能和一定的柔韧性、耐磨性；所选材料应对环境和水质不产生污染，同时便于施工、修复和加固；在选用这些材料时，应根据工程的重要性和材料来源，通过技术经济比较，恰当选用，以适应整治工程需要大量材料的要求。

从不同的角度出发，可将整治建筑物分为不同的类型。按照建筑物的使用年限和材料，可分为永久型或重型的，临时型或轻型的。按照建筑物与水位的关系，可分为淹没式和非淹没式。在各种水位下都被淹没或中、枯水时外露，而洪水时遭受淹没的，称为淹没式整治建筑物；在各种水位下都不遭受淹没的，称非淹没式整治建筑物。

按照建筑物对水流的干扰情况，可分为非透水建筑物、透水建筑物和环流建筑物。

2. 平顺护岸工程

护岸工程是常见的河道整治建筑物之一。其作用是保护河岸免遭水流的冲刷破坏，以及控制河势与稳定河槽。

7.9 ℗ 护岸工程

护岸工程主要有平顺式、桩墙式和坝垛式等形式。平顺式即平顺的护脚护坡形式；坝垛式即丁坝、矶头或垛的形式。平顺式、桩墙式护岸属于单纯的防御性工程，对水流干扰较小；坝垛式护岸是通过改变和调整水流方向间接性的保护河岸。在某些情况下，它们可以结合使用。具体应用时，需要在认真进行河势分析与全面规划的基础上确定。

（1）平顺护岸工程的规划。平顺护岸工程是一种连续性的护岸工程，它对河床边界条件改变较小，因之近岸水流结构的变化也较小，水流对近岸河床的局部冲刷较弱。重要城市、堤防以及港口码头的崩岸段，不允许岸线有过大的后退，在施工进度又能满足对崩岸的控制要求时，均可以采用这种工程型式。平顺护岸大都布置在与河道整治规划线相接近的弯道凹岸。

平顺护岸的规划，首先应对凹岸崩坍发展趋势进行深入的分析。河床形态对凹岸崩塌强度的影响，主要表现在弯道水流动力轴线与凹岸岸线的相互关系方面，当凹岸弯曲半径过小时，汛期水流取直，动力轴线偏离河岸，甚至产生回流，因此，岸脚不致淘刷，崩岸强度相应减弱。河势变化对崩岸发展趋势的影响，着重分析不同水位时弯道顶冲点上提下挫的变化范围，以及由于上、下游河势变化而对本弯道动力轴线和河床纵向变形所产生的影响。

按照水流对岸坡的作用及施工条件，平顺护岸可分为护脚工程、护坡工程和滩顶工程三部分。

设计枯水位以下为护底、护根工程，又称护脚工程；设计洪水位加波浪爬高和安全超高以上的为滩顶工程；两者之间则为护坡工程。

(2) 护脚工程。护脚工程为护岸工程的根基，常年潜没水中，时刻都受到水流的冲击及侵蚀作用。其稳固与否，决定着护岸工程的成败。

护脚工程及其建筑材料要求能抵御水流的长期冲刷，具有较好的整体性并能适应河床的变形，较好的水下防腐性能，便于水下施工并易于补充修复等。经常采用的型式有散抛块石、沉枕沉排、铅丝石笼、混凝土类结构、土工织物模袋等。

1) 抛石护脚。

a. 抛石范围。枯水位以下的护脚工程由接坡石、水下坡面抛石、备填石及稳定加固工程组成。在横断面上的抛石范围，上端一般自设计枯水位水边开始，下端则要根据整治河段河床地形而定。

b. 抛石厚度。抛石厚度应以保证块石层下的河床沙粒不被水流淘刷，并能防止坡脚冲深过程中块石间出现空当。

c. 防冲备填石。在近岸护底段，护脚后河床可能被冲刷加深，因此需加抛防冲备填石料。

d. 稳定加固工程量。为防止工程遭受破坏。

e. 块石尺寸选择。取决于水流强度和堤岸坡度，防止块石因直接受水流的作用而移动。

f. 抛石位置，如图7-30所示。

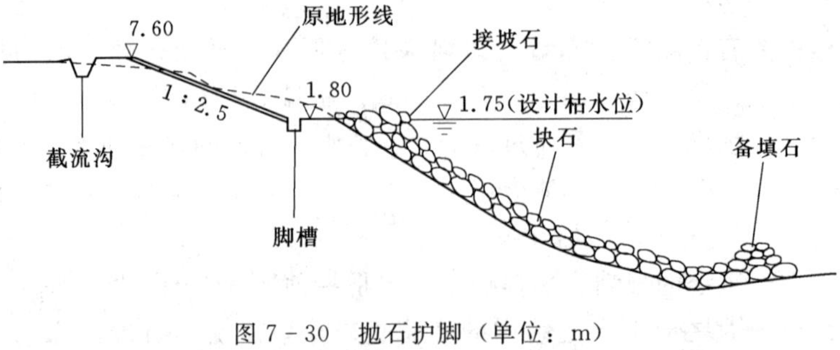

图7-30　抛石护脚（单位：m）

2) 石笼护脚。用铅丝、化纤、竹篾或荆条等材料做成各种网格的笼状物，内装块石、卵石或砾石，称为石笼。网格的大小以不漏失填充物为原则。利用石笼护脚或修筑丁坝护岸，在我国有着悠久的历史，近百年来在国外也得到广泛运用。

铅丝石笼的主要优点是，可以充分利用较小粒径的石料，可以构造较大的体积与质量，整体性和柔韧性能均较好，用于岸坡防护时，能适应坡度较陡的河岸。

近年来，以土工织物网或土工格栅制成的石笼，也广泛运用于护岸防冲工程中。

3）沉枕护脚。常见枕为柳石枕。柳石枕是用柳枝裹块石捆成的圆柱体。沉枕施工一般设计成单层，对个别局部陡坡险段，也可以根据实际需要设计成双层或3层。主要优点：能使水下掩护层连接成密实体，又因具有一定的柔韧性，入水后可以紧贴河床，起到较好的防冲作用，同时也容易滞沙落淤，稳定性能较好。

土工织物枕，又称塑枕，是由土工织物袋和沙土充填物构成。有单个枕袋、串联枕袋和枕袋与土工布构成软体排等多种型式。近年来，塑枕已先后在长江中下游、黄河和松花江护岸中广泛运用，取得了一定的效果。在流速较大的部位，可用3～5个单枕串联抛护。塑枕抛护厚度和结构型式，可按有关规范规定选择。在岸坡较陡，岸床坑洼多或有块石尖锐物、停靠船舶以及施工时水流不平顺，流速大于1.0m/s之处，不宜抛塑枕。土工袋的大小可根据需要来制作。

4）沉排护脚。

a. 常见排为柴排。沉放柴排是将一种用梢料制成大面积的排状物，用块石压沉于近岸河床之上，以保护河床、岸坡免受水流淘刷的一种工程措施。

主要优点是，整体性、柔韧性强，能适应河床变形，同时坚固耐用，具有较长的使用寿命。其缺点主要是，成本高，用料多，特别是树木梢料，制作技术和沉放要求较高，一旦散排上浮，器材损失严重。

近年来，除用沉排作丁坝护底外，该方法已很少采用。国外也多用混凝土或其他新型材料所代替。

b. 土工织物软体沉排。土工织物软体沉排是以土工织物为基本材料做成大片排体形式的防护结构。常见的有压载软体排和充砂管袋软体排两种形式。

压载软体排由聚乙烯编织布、聚氯乙烯塑料绳和混凝土块压重组成。实践证明，这种沉排有较好的防渗作用，水下抗拉和耐腐蚀性能良好。其缺点是当流速大时，施工比较困难，沉排区禁止抛锚。

充砂管袋软体排是以织造土工织物为基本材料制成管袋排体，管袋内充填砂土或水泥土形成大片防冲排体。充砂软体排制作简便，可以实现机械化充砂，利用排体自重沉放，不需另加压载，而且可以用河砂充灌。但若模袋内为砂土，一旦模袋破损则砂土就会流出，影响排体的稳定。为解决这一问题，可以充灌胶凝材料，如水泥土等。

c. 四面六边透水框架群护岸。四面六边透水框架可以用钢筋混凝土构造，或简易地以毛竹、再生塑料内充砂石料并以混凝土封堵两头构成，如图7-31所示。

四面六边透水框架群护岸能局部改变水流流态，降低近岸近底流速，达到抑制岸床冲刷和缓流落淤效果，从而达到固脚护岸的目的；同时，能有效制止抛石护岸的根石走失，避免块石护脚需要年年补抛的现象。

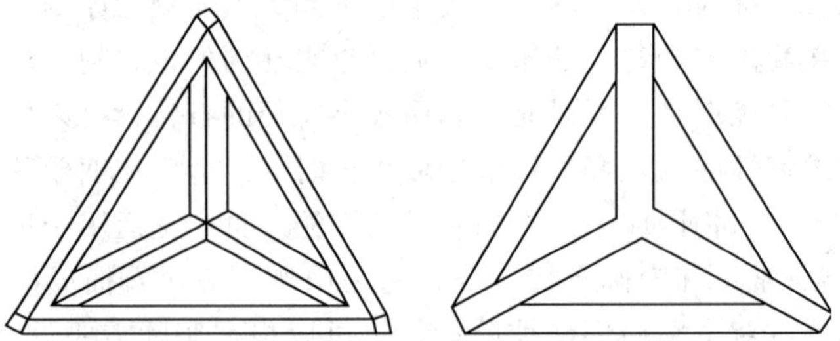

(a) 立体图　　　　(b) 俯视图

图 7-31　四面六边透水框架结构示意图

d. 水下不分散混凝土固脚。水下不分散混凝土（NDC）即为在水下浇灌的混凝土中加入高分子聚合物絮凝剂等物质而成。这种混凝土在水下施工中，即使受到水流冲刷，水泥与骨料也不会发生分离，且具有自流平性、自密实性、不污染水质的特性，可用于原有抛石护脚工程的加固中将分散的块石结成紧密的板块，从而达到抗冲护脚的目的。对于水深流急、水下岸坡较陡且又不允许岸线后退的险工段，更显示其优越性。

该项技术在广东省佛山市东平水道护岸工程中取得了较好的效果。原水下抛石平整后的坡度约为 1∶1.8，施工时流速达 0.7m/s，抛石面浇筑水下不分散混凝土折算厚度为 0.3m，经水下录像和潜水检查，水下抛石大部分被混凝土覆盖或块石间隙填充了混凝土，达到了设计要求。为了防止坡脚淘刷，在水下不分散混凝土浇筑 28d 后，须在坡脚前沿抛护压脚石。

7.10 ℗

护坡工程

(3) 护坡工程。护坡工程除受水流冲刷作用外，还要承受波浪的袭击及地下水的反向侵蚀。其次，因护坡工程处于河道水位变动区，时干时湿，因此要求建筑材料坚硬、密实、耐淹、耐风化。护坡工程的型式有块石与混凝土预制件或模袋混凝土等，其中块石护坡最为多见。

块石护坡有抛石护坡、干砌石护坡和浆砌石护坡等种类。其中抛石和干砌石能适应河床变形，施工简便，造价较低，故应用最为广泛。干砌石护坡相对而言，所需块石体积较小，石方也较为节省，外形整齐美观，但需手工劳动，要有技术熟练的施工队伍。抛石护坡可以采用机械化施工，其最大优点是当坡面局部损坏和块石走失时，可以自动调整弥合。因此，在我国一些地方，常常是先用抛石护坡，经过一段时间的沉陷变形，待其稳定后，再进行人工干砌整坡。

护坡工程由枯水平台、脚槽、坡身、导滤沟、集水沟和封顶工程等组成。枯水平台、脚槽或其他支承体等，位于护坡工程下部，起支承坡面不致坍塌的作用。块石护坡坡身由面层和垫层组成。面层块石的大小及厚度应能保证在水流和波浪作用下不被冲动，这需依据相关工程设计规范计算确定。块石下面的垫层起反滤作用，以防止边坡土粒被波浪吸出或渗流带出流失。滩顶工程位于滩顶部位，由护坡工程上部与滩面岸缘部分所组成，如图 7-32 所示。

(4) 其他护坡形式和材料。

1) 混凝土板和钢筋混凝土板护坡。混凝土板和钢筋混凝土板多用于城市或石料

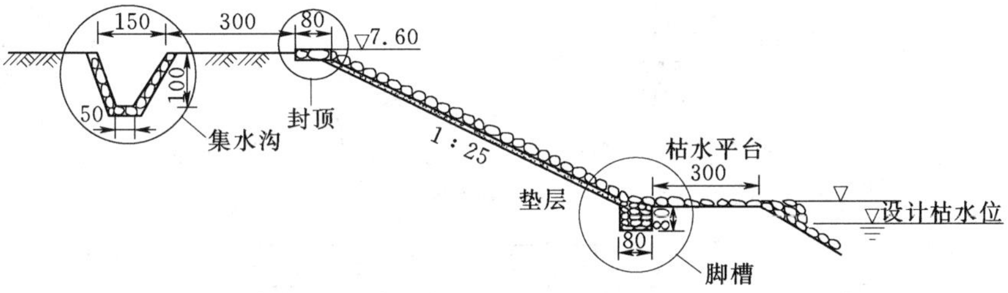

图 7-32　块石护坡示意图

缺乏地区的河道护坡，有现场浇制与预制板安装两种形式。

现场浇制的混凝土板多不加钢筋，厚 15～30cm，尺寸为 5m×5m；接缝用沥青混凝土填塞。预制板一般需配置构造钢筋，以防止在运输、安装过程中开裂。预制板厚 8～12cm，尺寸一般为 1.5m×1.5m，板与板之间也常用企口缝铰接，或用预埋的抗老化塑料系带连接，并用沥青混凝土灌缝。无论是现场浇制还是预制安装，在护面板下均应铺设砂石或土工织物反滤垫层，如图 7-33 所示。

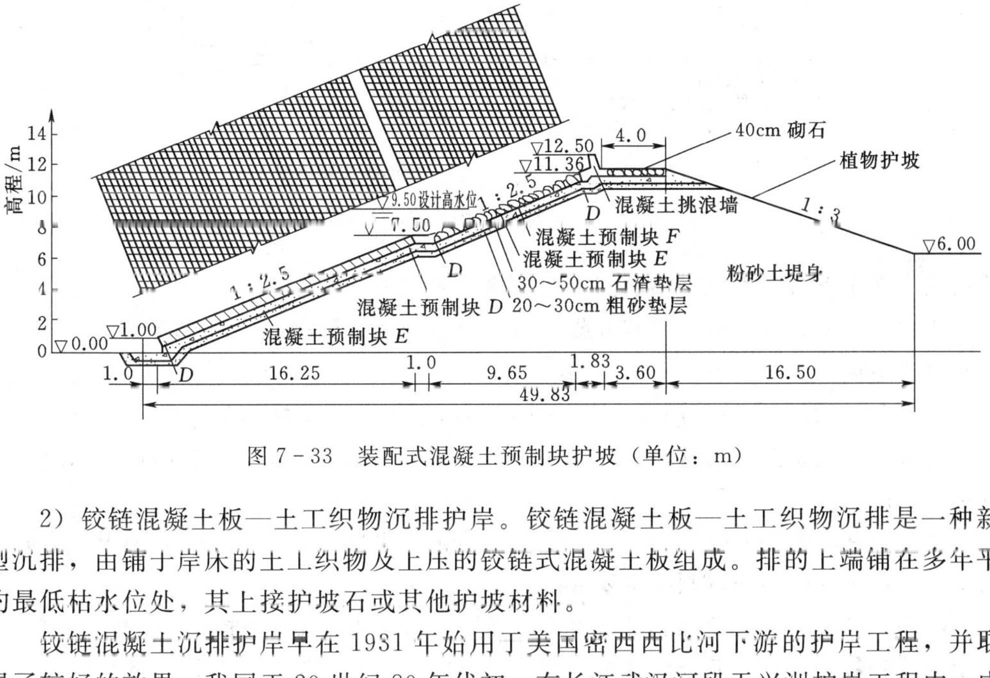

图 7-33　装配式混凝土预制块护坡（单位：m）

2）铰链混凝土板—土工织物沉排护岸。铰链混凝土板—土工织物沉排是一种新型沉排，由铺于岸床的土工织物及上压的铰链式混凝土板组成。排的上端铺在多年平均最低枯水位处，其上接护坡石或其他护坡材料。

铰链混凝土沉排护岸早在 1931 年始用于美国密西西比河下游的护岸工程，并取得了较好的效果。我国于 20 世纪 80 年代初，在长江武汉河段天兴洲护岸工程中，成功采用了铰链混凝土板—土工织物（俗称涤纶布）沉排护岸的新形式，如图 7-34 所示。

铰链沉排集柔性与刚性于一体，整体性较好，能适应河床变形，水流阻力小，能增强河岸的抗冲能力，并且基本上不需要维修。

作为反滤防冲作用的反滤布，选择时考虑：反滤性能；耐磨性和抗冲性；湿态强度；耐光性。综合比较，选择了聚酯纤维布（涤纶布）作为沉排中的反滤抗冲材料。

对于露出水面的排体混凝土板间隙和上部岸坡，应用取材容易、施工简单、经济

(a) 剖面图

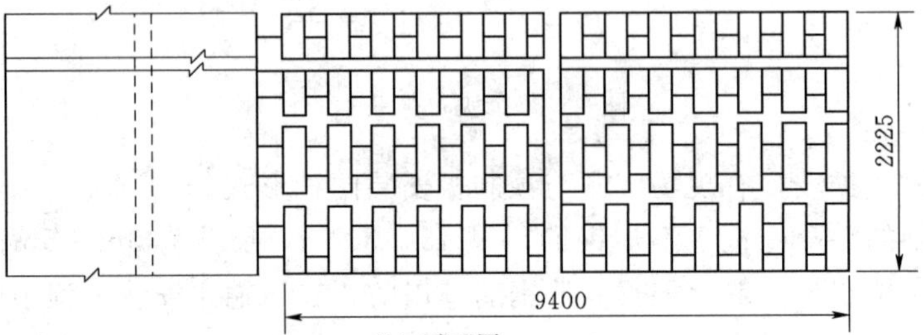

(b) 平面图

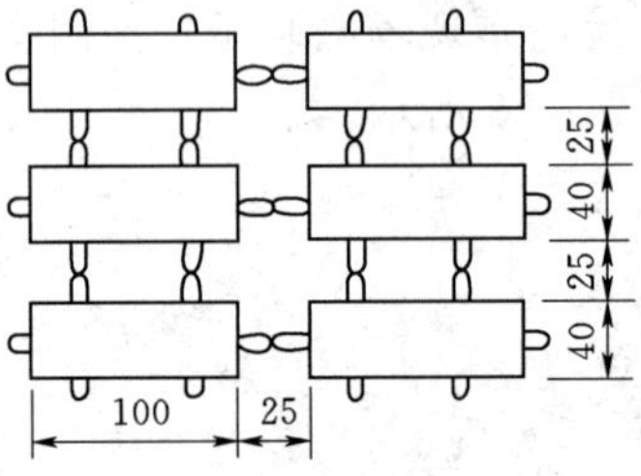

(c) 沉排铰链

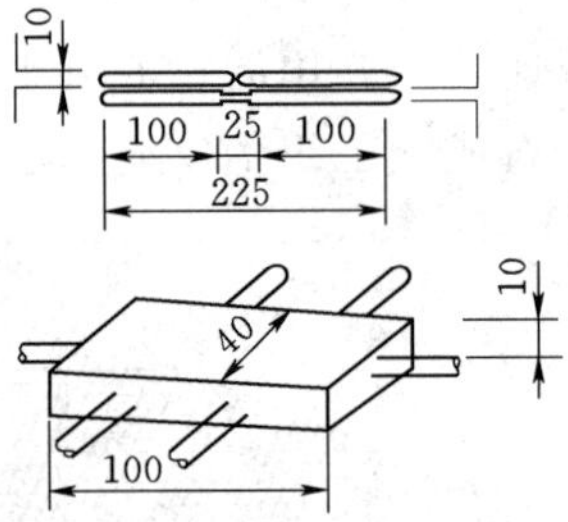

(d) 沉排详图

图 7-34　铰链混凝土沉排护岸（单位：mm）

耐久的水泥土覆盖，组成完整的河工建筑物。

工程造价的分析表明，铰链混凝土板—聚酯纤维布护岸形式的造价低于钢筋混凝土板桩及散抛石护岸。

3）沥青混凝土护坡。沥青以其特殊的不透水性、可塑性和耐久性，已成为一种新型的水工建筑防渗衬砌材料，广泛地运用于高土石坝和渠道表面的保护，以及河道和沿海堤岸的防护等工程中。

沥青随其混合物料的不同，可制成不同性能的建筑材料。其中已应用于河道和沿海堤岸护坡工程中的沥青制品主要有以下 4 种。

a. 沥青混凝土。沥青混凝土是水利工程中用得最广泛的一种热拌和型工程材料，由块石、骨料、填料和沥青的密级配拌和物组成。其矿质骨料和沥青含量均有一定的要求。骨料应尽可能采用连续级配，以减少其间的孔隙率、避免骨料发生分离。骨料应具有不变形、遇水不变质、不膨胀的特性，其合理级配如图 7-35 所示。沥青含量一般为骨料重量的 6%～9%。

若沥青含量稍高，可使其抗渗性、抗挠性、耐久性得到提高；但若过量，则有损护坡的稳定性。填料宜采用碱性矿粉，以便提高其抗剪、抗压强度和黏结力。为了减少填料和沥青用量，建议使用粗矿物骨料。

b. 砂质沥青玛蹄脂。砂质沥青玛蹄脂是细矿物骨料、矿质填料和沥青的拌和物。

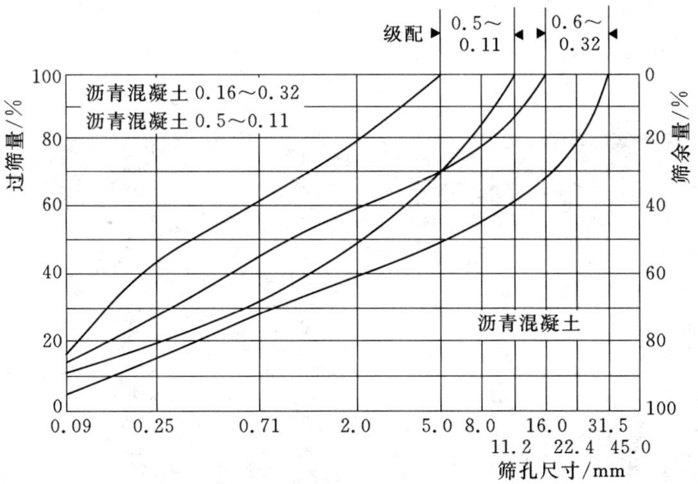

图 7-35 沥青混凝土合理级配

这种拌和物可用于灌注砌石孔隙或其他要求具有不透水性的基础。为了尽量减小渗透率，石块铺层表面灌浆至 15～20cm 的深度，灌浆量应足够多到使石块之间相互胶结。对于河岸水上护坡，厚度为 36～40cm 的石块铺筑层，灌浆质量为 90～120 kg/m^2，在水下，灌浆量应约为其 2 倍；对于经受暴风雨巨大压力的海岸护坡工程，为保证其整体的高密度，厚度为 60～90cm 的填筑层要充分灌浆，砂质沥青玛蹄脂充分灌浆的质量为 600～1000kg/m^2。

拌制的砂质沥青玛蹄脂温度控制在 150～180℃，装在沥青玛蹄脂锅或容积车中运至现场，然后用泄槽、料罐或虹吸器直接浇筑。水下施工时，可用带有可开闭出口的隔离加热管进行。

c. 粗石沥青。粗石沥青是一种由块石、粗碎骨料或卵石间断级配的高孔隙率拌和物，用玛蹄脂胶结剂薄膜黏结的沥青制品，玛蹄脂含量为 20%，粒径为 22～45mm 或 32～56mm 的碎石占总重的 80%。粗石沥青常用于高透水护岸和边坡及河底防护层，特别是堤和砂质海岸的粗趾护岸，用来防止沥青下面水压产生的扬压力，也可以在沥青护岸坡趾上提供一渗透垫作为最终构件。

荷兰人曾将粗石沥青护岸用于填海造陆工程中，德国人将其用于 Kiel 运河预制沉排护岸中。

d. 贫沥青砂。贫沥青砂是由天然砂、低含量沥青加或不加矿质填料组成的拌和物，常用作护岸的透水基层，或在建造堤、导堤、防浪堤和港口工程时，用作浇筑在水下或水上的松散材料的黏结材料，以形成本体和承托体，或填塞因波浪冲击和通过高速水流冲蚀而成的孔洞。

当用作反滤层时，施工温度为 90～190℃；用于黏结松散材料时，水上施工时温度为 80～90℃；水下浇筑时，可通过管子进行施工，温度为 80～110℃。

4）模袋混凝土护坡。模袋混凝土护岸是将流动混凝土或砂浆，用泵灌入由合成纤维制成的模型垫袋内形成混凝土护面层（图 7-36）。模袋混凝土根据模袋布间连接方式的不同，可以分为整体式模袋混凝土与铰链式模袋混凝土两种。铰链式模袋混凝土排是在整体式模袋混凝土基础上发展起来的，具有一定的柔性，与黄河上的长充沙管袋护岸相类似。

图7-36 堤防加固整治工程水下模袋护坡

模袋混凝土护岸，可以将水流与岸坡泥沙完全隔开，使岸坡免遭水流的侵蚀，以保护河岸稳定。其优点是：整体性好，抗冲能力强，便于机械化施工，费用较省，尤其适用于水下铺设充灌施工。其缺点是：对河道岸坡整修的平整度要求高，适应河床变形能力差；施工坡面不平整处易造成模袋悬空、局部折断；岸坡一般不宜陡于1∶2.5。

5）植物护坡。对于一些常年浸水时间不长，且流速、波浪较小的河段，有时采用栽植柳树或种草皮的办法护坡，也能收到较好的防冲效果，费用低廉，并具有美化环境的独特效果，其防冲能力随着生长年代的久远还有所提高。

土工织物草皮护坡是土工织物与植草相结合形成的一种护坡型式。由于二者结合发挥了土工织物防冲固草和草的根系固土的作用，因而这种护坡比普通草皮护坡具有更高的抗冲蚀能力。

目前，所用土工织物加筋草皮护坡有两种基本形式。一种是在坡面清理整平后，撒上草籽，再覆盖一层薄型非织造土工织物。为加强护坡稳定和抗冲能力，还可加设混凝土或块石方格。草籽发芽后通过织物孔眼形成抗冲体，茂密的草还可起到保护织物的作用。

另一种是采用三维织物网垫，可选用厚度为18mm，单位长度拉力大于3.0N/m，单卷宽度为1.5m的三维网铺设在坡面上，每幅相互搭接0.12m，可用固定钉将三维网上下埋入坡顶和坡脚的沟内。实验证明，三维织物网垫比普通草皮和一般网状草皮极限抗冲流速大得多。

7.11 ℗
丁坝工程

3. 丁坝工程

丁坝及矶头为非连续性护岸工程，即一般常说的“守点顾线”工程，其目的是通过各守护据点将大溜挑移出所保护的河岸，或降低流速，防止冲刷，常用的形式有矶头群和短丁坝群。用于航道整治的丁坝，一般起调整流向、改善局部水流流态，或束窄过水断面、增大水深、减缓水面比降、固定边滩等作用。

(1) 丁坝的性能及布置原则。丁坝具有束窄河床，调整水流，保护河岸的性能。但丁坝也具有破坏河道原有水流结构、改变近岸流态的作用，常常在坝头附近形成一定规模的冲刷坑，危及丁坝自身安全。

丁坝由坝头、坝身和坝根三部分组成，坝根与河岸相连，坝头伸向河槽，在平面上呈“丁”字形，如图7-37所示。丁坝坝头位置以河道整治线为依据，即通过丁坝工程来实现所规划的河槽形态。

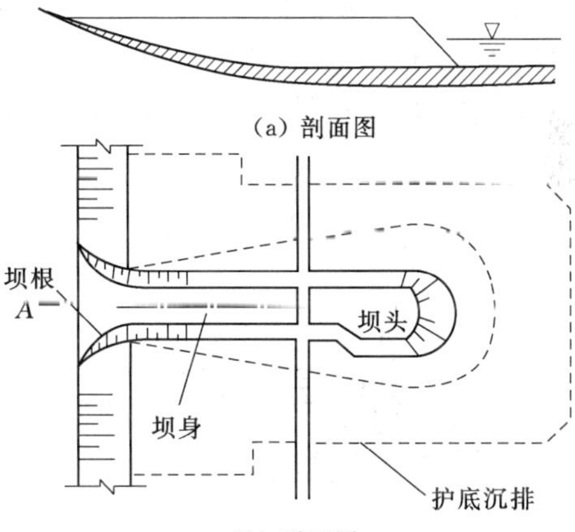

(a) 剖面图
(b) 平面图
图7-37 丁坝的组成

按照丁坝坝顶高程与水位的关系，丁坝可以分为淹没式和非淹没式两种。用于航道枯水整治的丁坝，经常处于水下，为淹没式丁坝；用于中水整治的丁坝，洪水期一般不被淹没，或淹没历时很短，这类丁坝可以视为非淹没式丁坝。

根据丁坝对水流的影响程度，可以分为长丁坝和短丁坝。长丁坝有束窄河槽，改变主流线位置的功效；短丁坝则只起迎托主流，保护滩岸的作用，特别短的丁坝，又有矶头、垛、盘头之类名称。

按照坝轴线与水流方向的交角，可以将丁坝分为上挑、下挑、正挑3种，如图7-38所示。国内外常采用的坝轴线与水流的交角，上挑丁坝 $\alpha=110°\sim120°$，下挑丁坝 $\alpha=60°\sim70°$，甚至更小；正挑丁坝 $\alpha=90°$。

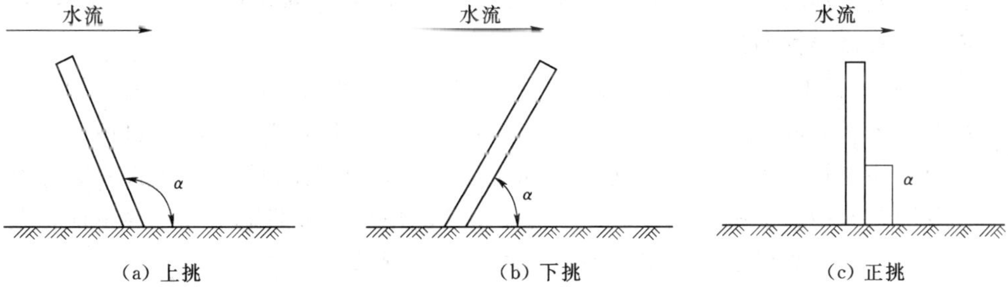

图7-38 交角不同的丁坝布置示意图

由于交角的不同，丁坝对水流结构的影响也相异。对于淹没式丁坝，以上挑形式最好，因为水流漫过上挑丁坝后，形成沿坝身方向指向河岸的平轴环流，将泥沙带向河岸一侧，有利于坝档之间的落淤。对于非淹没丁坝，则以下挑为好，其水流较平顺，绕流所引起的坝头冲刷较弱；相反，上挑将造成坝头水流紊乱和强烈的局部冲刷。在河口感潮河段以及有顶托倒灌的支流河口段，为适应水流的正逆方向交替特性，故多修建成正挑形式。

丁坝布置重要的是丁坝间距的确定。丁坝间距直接关系到丁坝间的淤积效果。间距过大，丁坝群就如单个丁坝一样，不能起到互相掩护的作用；间距过小，丁坝的数目过多，造成浪费。合理而又经济的丁坝间距应达到既充分发挥每个丁坝的作用，又能保证两坝挡间不发生冲刷。

(2) 丁坝结构类型。丁坝的坝型及结构选择应根据水流条件、河床地质及丁坝的工作条件，按照因地制宜、就地取材的原则进行。丁坝的类型和结构形式很多，除了传统的沉排丁坝、抛石丁坝、土心丁坝等外，近代还出现了一些轻型的丁坝，如井柱坝、网坝等。

1) 沉排丁坝。沉排丁坝是用沉排叠成，最低水位以上用抛石覆盖，如图7-39所示。

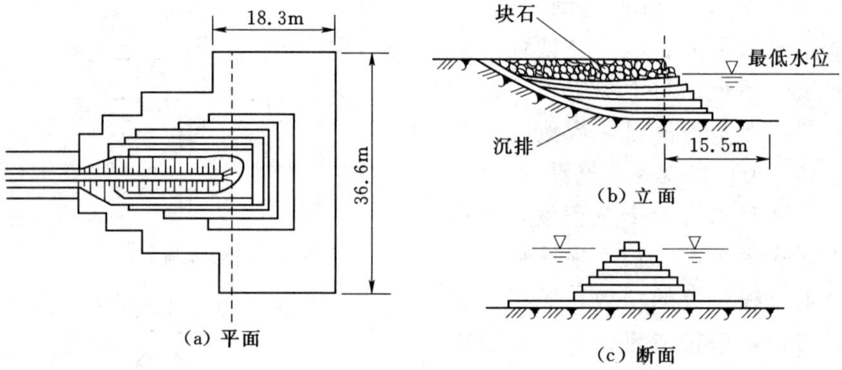

图7-39 沉排丁坝示意图

2) 抛石丁坝。抛石丁坝采用块石抛堆，表面也可以砌石整修。在我国山区河流也有用竹笼、铅丝笼装卵石堆筑的，如图7-40所示。若在沙质河床上修筑，一般都先用沉排护底。抛石丁坝的优点是，坝体较牢固，施工简单方便，适用于水深流急、大溜顶冲和石料丰富的河段。

3) 土心抛石丁坝。采用砂土或黏土料填筑坝体，块石护脚护坡，沉排护底。对于石料缺乏的平原河流这种坝型较经济、实用。同时这类坝型的坝心土料还可以利用水力充填方法修筑，大部分工作可以机械完成。土心丁坝因具有较好的护岸导溜作用，在我国黄河中、下游及北方中、小河流中广泛使用。按照施工方法的不同，黄河下游土心丁坝又分为旱工、水工两种，如图7-41所示。

4) 井柱坝。井柱坝是用钢筋混凝土栅栏所构成的透水建筑物。井柱坝吸收了木桩编篱坝、厢埽和透水石笼工程的优点，且维修工作量小，坚固耐用。井柱丁坝可起滞流落淤、护滩保堤和控导流势的作用，如图7-42所示。1966年，井柱坝已在长江口南岸海塘上运用，后推广到海河、黄河护滩护堤工程中。

5) 网坝。网坝是用铁丝或塑料、尼龙绳编成网屏，将网屏系挂在桩上所建成的

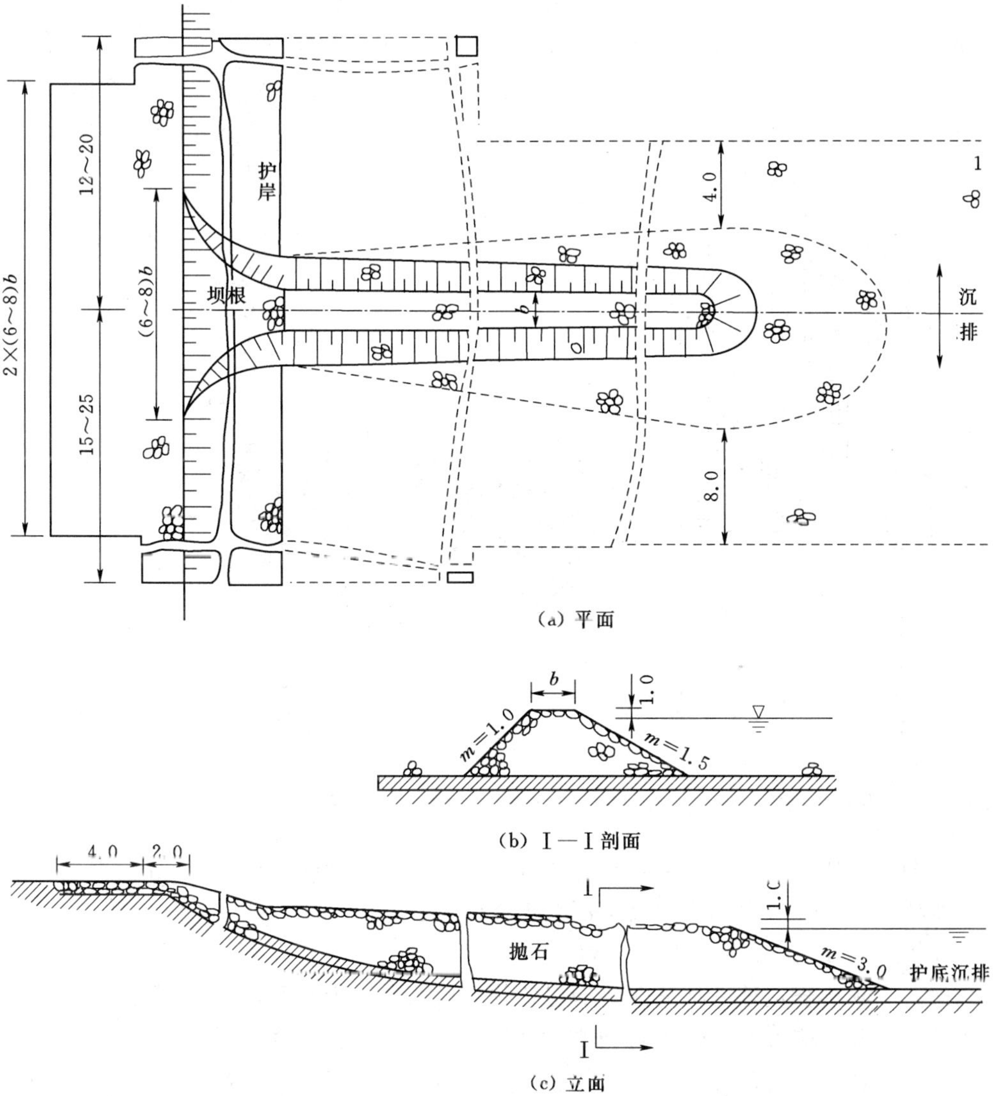

(a) 平面

(b) I—I 剖面

(c) 立面

图 7-40 抛石丁坝示意图（单位：m）

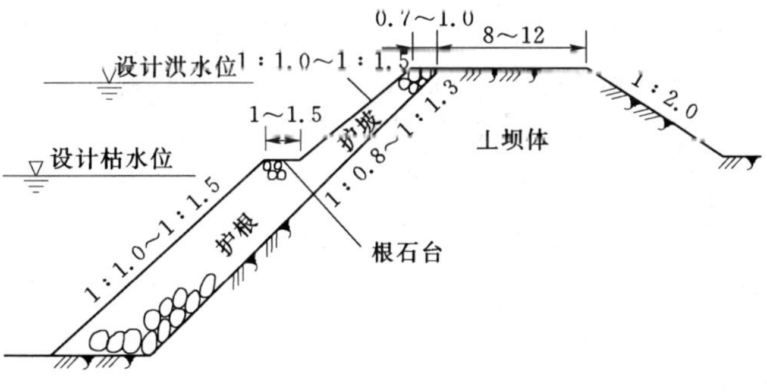

图 7-41 黄河下游土心丁坝示意图（单位：m）

活动透水建筑物。按照网屏固定方式的不同，可以分为桩网坝和浮网坝两种。桩网坝与我国古代使用的木桩编篱坝或篱屏坝相似，先在河床上打一排木桩或混凝土桩，桩头露出水面，网屏挂在桩上。浮网坝只将桩头露出河底，或用坠体代替，把网屏下缘挂在其上，网屏上缘悬挂浮物，使网体漂浮在水中，如图7-43所示。

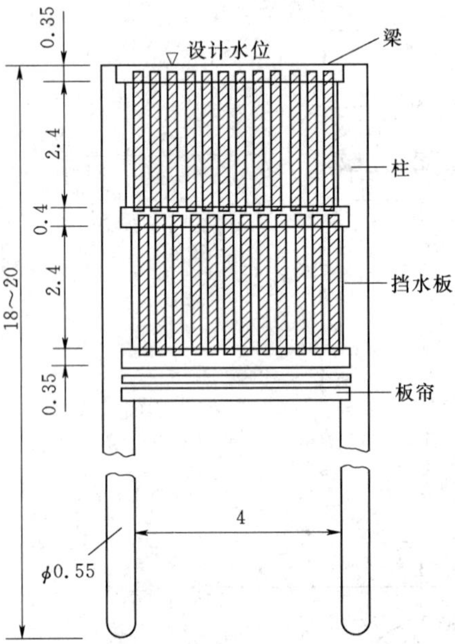

图7-42 井柱坝结构（单位：m）

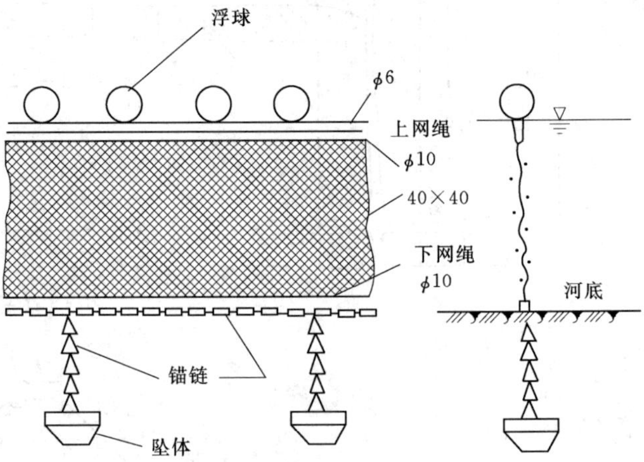

图7-43 网坝示意图（单位：cm）

浮网坝的作用主要是缓流促淤，多用于团滩促淤、围垦和护岸，也能引导水流，刷深航槽，同时在海岸工程中具有消波消能作用。

4. 顺坝、锁坝

（1）顺坝。顺坝是一种纵向整治建筑物，由坝头、坝身和坝根三部分组成。坝身一般较长，与水流方向大致平行或有很小交角，沿整治线布置。顺坝具有束窄河槽、引导水流、调整岸线的作用，因此又称为导流坝。其顺导效能主要决定于顺坝的位置、坝高、轴线方向与形状。较长的顺坝，在平面上多呈微曲状。顺坝常布置在河道的过渡段、分汊河段、急弯及河口段，如图7-44所示。

顺坝也有淹没式、非淹没式两种形式。淹没式顺坝多用于枯水航道整治；对非淹没式顺坝，一般多在下端留有缺口，以便洪水倒灌落淤。顺坝结构大体上与丁坝相同。淹没式顺坝需用抛石填筑。非淹没式顺坝则多用土心抛石砌护的形式。

在黄河中、下游河道整治工程中，还广泛采用坝垛的形式，保护河岸或堤防免遭水流冲刷。坝垛的材料可以是抛石、埽工或埽工护石。其平面形状有挑水坝、人字坝、月牙坝、雁翅坝、磨盘坝等（图7-45）。这种坝工虽因坝身较短，一般无挑移主流作用，只起迎托水流，消杀水势，防止岸线崩退的作用。但若布置得当，且坝头能连成一平顺河湾，则整体导流作用仍很可观。

（2）锁坝。锁坝是堵塞串沟或支汊，以加强主流、增加航深的常用整治工程形

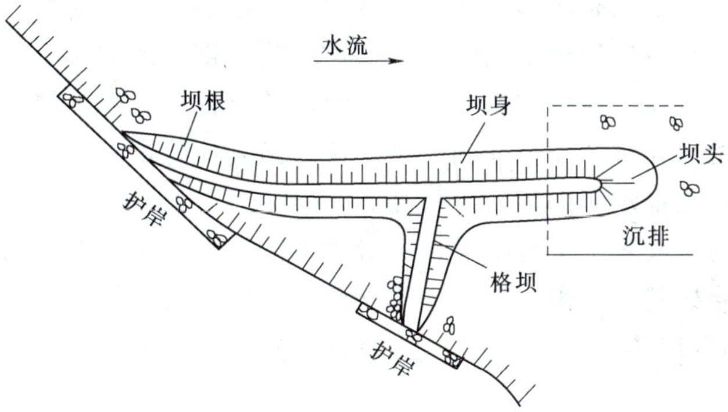

图 7-44 顺坝示意图

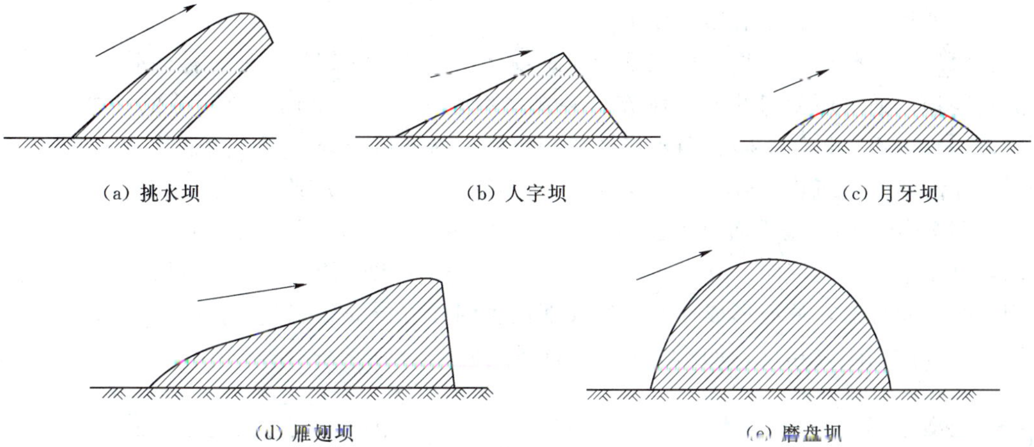

图 7-45 黄河坝垛平面形态

式。其结构与丁坝相类似。考虑到坝面在洪水时仍要溢流的特点，锁坝坝坡应适当放缓，且背水坡应缓于迎水坡。锁坝在枯水期起塞支强干的作用，但对水流渗透无严格要求，故可由坝上游泥沙淤积自行封闭，无需设专门的防渗措施。中高水位时，则与溢流坝堰相同，在坝下游可能发生较严重冲刷，甚至危及坝体安全，所以一般要有防冲护底措施。护底范围与坝高及河床组成有关。常用的沉排护底，超出坝脚的范围，上游约为坝高的 1.5 倍，下游则为坝高的 3～5 倍，必要时还应通过计算确定。

锁坝长度与所堵汊道宽度相同，坝顶高程应通过水力计算确定，一般高出平均枯水位 0.5～1.0m。为避免因堵汊造成上游洪水位有较大幅度的抬升，较高的锁坝工程可一次设计，分期实施，逐步修筑至设计高程，以便有充分时间，满足水流与河床的自动调整。

锁坝的修筑位置，可以在被堵汊道或串沟的进口、中部和出口 3 种不同方案，且各有利弊。设计时，应根据汊道地形、地质、水文、施工条件和工程量大小，以及对港口、码头、工农业取水工程等方面影响，比较选定；大多数情况下，往往宜将锁坝修筑在汊道中部或略上游一些。

(3) 黄河埽工。埽工是我国黄河下游劳动人民创造的，以薪柴、土石为主体，以桩绳为联系的一种河道整治建筑物。埽工的作用是抗御水溜对河岸的冲刷，防止堤岸坍塌。由于埽工具有体大质松而韧、取材方便、造价低廉、施工简便、见效迅速等优点，当河势突然发生变化，堤岸受到大溜顶冲，而其他防御工事不能立即生效时，用埽工来抢险，可以在很短时间内发挥效能。

埽工的施工与一般水下工程不同。一般水下工程的施工，多以水浅流缓时进行为宜，而且必须先修好基础，由下而上进行。而埽工则相反，往往是在水深流急的情况下施工，水浅时修成的反而不牢固。施工程序是从上而下的分坯进行，直到下压至河底。

埽工尽管优点很多，但在干湿不定的情况下，梢秸料容易腐烂。因此，近年来，埽工主要用于临时性抢护和截流工程。对一些永久性工程，只是用于水中进占，然后抛石护坡护根，形成土心抛石坝工。

(4) 环流整治建筑物。环流整治建筑物又称为导流建筑物，是一种激起人工环流的建筑物。通过所激起的人工环流来控制泥沙运动方向，从而控制河床的冲淤状态。所以，它可用于护岸、防止引水口的淤积、刷深航道以及分汊河道的整治等工程中。

环流整治建筑物一般分为表层和底层两种，其基本组成部分是导流屏。

图7-46(a)是设置在水流表层而与水流斜交的导流屏。表层水流沿导流屏流动，改变了原来的流向，产生了水平横向分速，由于水流的连续性，底层水流则产生相反的横向分速，从而形成环流。当底部设置同样方位的导流屏时，同样可以形成环流，但方向则刚好相反，如图7-46(b)所示。

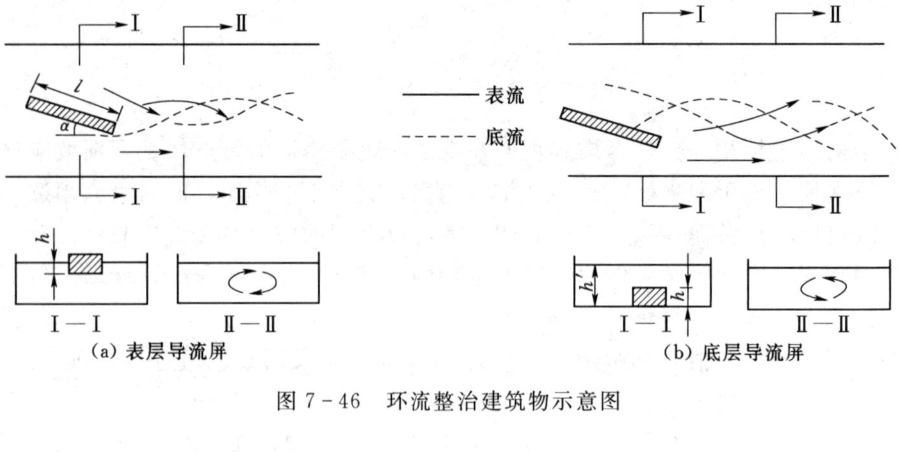

图7-46 环流整治建筑物示意图

任务7.3 防 洪 工 程

防洪工程指控制、防御洪水以减免洪灾损失所修建的工程，主要有堤、河道整治工程、分洪工程和水库等。按功能和兴建目的，可分为挡、泄(排)和蓄(滞)三类。

洪水是一种自然现象。广义地讲，凡超过江河、湖泊、水库、海洋等容水体的承纳能力，造成水量剧增或水位猛涨，通称为洪水。按其起因不同，洪水主要有暴雨洪水、融雪洪水、冰凌洪水、溃坝洪水以及山洪、泥石流、海啸、风暴潮等不同类型。

在各类洪水中，以暴雨洪水最为多见。它是由强度大、历时长、面积广的降雨所形成。我国伏秋季节发生的大洪水多为此类。此外为沿海地区的风暴潮洪水，其来势之汹，破坏力之大，几乎年年可见。

洪水能否成为灾害与人类社会经济活动和防御能力有关。只有威胁人类生存和影响社会经济活动，并造成损失与祸患者，才能称为灾。洪水成灾和洪水灾害的急剧增长，是人类对环境的大规模不合理开发所致，是人类生存与自然不相协调、与洪水不能和谐共处的结果。人类在洪水威胁面前，既要主动适应洪水，协调人与洪水的关系，又要积极采取必要的对策措施，最大限度地减轻洪灾造成的损失，这是防洪减灾工作的基本指导思想。

防洪是指人类在与洪水灾害做斗争的过程中，力图减轻洪灾损失，确保人民生命财产安全，取得生态环境良性建设和社会经济可持续发展所采取的一切手段和措施。因防洪的主要目的在于减灾，故又常称为防洪减灾。防洪减灾工作体系，意指针对某特定流域或地区，为控制或基本控制常遇洪水，并对超过防御标准的稀遇洪水有应急对策所采取的工程措施与非工程措施的综合体系。通过这两类措施的合理配置，协调互补，以及完善的防洪体系的科学运作，从而形成当代比较完整的防洪减灾工作体系。

模块7.3.1 防洪减灾措施

防洪减灾措施是指防止或减轻洪水灾害损失的各种手段和对策。它包括工程措施和非工程措施。

1. 工程防洪措施

工程防洪措施主要是通过控制洪水、改变洪水特性来达到防洪减灾的目的，其内容包括水土保持工程、水库工程、堤防工程、分蓄洪工程、河道整治工程等。从其性质上说，可概括为“拦、蓄、分、泄”4个方面。

（1）拦。“拦”指通过在流域中上游地区采取水土保持措施，控制水土流失，拦截径流和泥沙，削减河道洪峰洪量。这里所述的水土保持，主要包括生物措施和工程措施两个方面。

生物措施或称林草措施，是通过植树种草，利用地表植被，固结土壤，涵养水源，调节、吸收地表径流，减少入河水沙。

工程措施有坡面治理工程和沟道治理工程两类。坡面治理工程包括人造梯田、拦水沟埂、鱼鳞坑、截流沟、蓄水池、挡土墙等，其目的是就地拦蓄雨水。沟道治理工程主要有谷坊、拦沙坝、淤地坝、沟头及沟道防护工程，以及引洪漫地等，其作用在于防止沟头前进，沟床下切，沟岸扩张，减缓沟床纵坡，提高侵蚀基准点，减少山洪、泥石流发生概率及其对河道的危害。

（2）蓄。“蓄”是通过在河道上游干支流修建控制性骨干水库工程，拦蓄洪水，削减洪峰。这是处理河道超额洪水、减轻中下游平原地区的洪水压力，确保防洪安全的有效措施之一。水库有专门用于防洪的水库和综合利用水库两类。水库的防洪作用主要是蓄洪和滞洪。由于支流水库对干流中下游防洪保护区的作用，往往因距防护区较远和区间洪水的加入而不甚明显，因此，在流域性防洪规划中，统一部署干支流水库群，相互配合，联合调度，常常可获得较大的防洪效益。

修建水库的主要缺点是：投资较大，迁移人口，淹没土地以及由此引起生态环境和社会问题等。值得注意的是，在多沙河流上修建水库，易因泥沙淤积而引起水库上游淤积末端上延，使河床抬高和库岸地下水位上升；下游则因水库蓄水拦沙和下泄水沙条件的改变，而引起河床冲刷带来的有关问题。所有这些问题，在水库规划中都应予以重视，并采取妥善防患措施。

（3）分。“分”也是处理河道超额洪水的有效措施之一。常见以下几类情况。

1）分洪入海。减轻干流河道的洪水压力。

2）分洪入其他河流。当河流某河段的泄洪能力不足而邻近河流的泄洪能力有余时，则可在该河段上游分洪，经分洪道将超量洪水转移到邻近河流。

3）分洪回归原河道。当河道某河段因狭窄泄洪能力受限时，可将超额洪水通过分洪道绕过这一狭窄河段，再回归原河道下游。

4）分洪入湖。

5）分洪入分蓄洪区。

此外，还可利用河道两侧的滩地或低矮圩垸滞纳超额洪水，即所谓滞洪区或行、滞洪区。在遇特大洪水时，自然漫水或扒口引洪，均可大大减轻主河道的洪水压力。

（4）泄。“泄”即充分发挥河道的宣泄能力，将洪水泄往下游。河道的泄洪能力，受多种因素影响，如河道形态、断面尺寸、河床比降、糙率、干支流相互顶托、河道冲淤变化等。扩大河道泄洪能力的主要措施有修筑堤防、清除河障和整治河道等。

1）修筑堤防是古今中外广泛采用的一种重要的工程防洪措施。河道两岸修筑堤防后，洪水河槽断面扩大，有利于洪水集中宣泄。但筑堤后也会带来一些问题，如因河宽束窄，河道槽蓄能力下降，河段同频率的洪水位抬高；筑堤后洪水位还有可能因河床逐年淤积而抬高，致使堤防需要经常加高加固，甚至需要改建、退建。

2）清除河障即清除河道中影响行洪的障碍物。河道的滩地或洲滩，一般因季节性上水或只在特大洪水年时才行洪，随着人口的不断增长和社会经济的发展，不少河道的滩地被任意垦殖和人为设障，从而减小了过流断面，增大了水流阻力，影响泄洪能力。

3）整治河道包括拓宽河槽、裁弯取直、疏浚工程和河势控制工程等。拓宽河槽主要是消除卡口，降低束窄段的壅水高度，提高局部河段的泄量和平衡上下游河段的泄洪能力。裁弯取直可缩短河道流程，增大河道比降，提高河道的泄洪流量。疏浚工程是利用挖泥船、索铲等机械，或采取水下爆破措施，清除浅滩、暗礁等河床障碍，改善流态，扩大断面，增加泄流能力或改善通航条件。河势控制工程包括修建丁坝、顺坝、矶头和平顺护岸等工程，以调整水流，规则河道，防止岸滩坍蚀和有利于行洪泄洪。

上述各种工程防洪措施，其防洪作用均有一定的局限性。堤防修筑过高，不仅工程量大，而且防洪风险也大，堤防防洪能力一般只能对付常遇洪水。对于超标准稀遇洪水，必须有赖于水库或分蓄洪工程蓄纳行滞洪水。水库防洪，目前多是修建综合利用水库，其防洪库容有限，仍有大量洪水需排往下游河道。此外，水库坝址一般位于河道的中上游，坝址至防护区的区间洪水不容忽视，因而这又必须依靠堤防和分蓄洪工程来解决。对于多沙河流，随着泥沙的淤积，水库、堤防等防洪工程的防洪能力将日益降低，洪水治理和泥沙问题必须统筹考虑解决。因此，对于一条河流洪水治理，一般是采取多种工程措施相结合，构成防洪工程系统来完成。

现阶段我国主要江河都采取“拦蓄分泄，综合治理”的方针。即在上游地区采取水土保持措施和在干支流修建水库，以拦蓄上游洪水，在中下游修筑堤防和进行河道整治，充分发挥河道的宣泄能力，并利用河道两岸的湖泊、洼地辟为分蓄洪区，分滞超额洪量，以减轻洪水压力与危害。具体运用时，不同河流、不同地区则应根据其自然地理条件、水文泥沙特性、洪水与洪灾特征、社会经济发展需要和防洪任务要求而有所侧重。

2. 非工程防洪措施

非工程防洪措施是20世纪50年代以来逐步研究形成的防洪减灾的一种新概念。它是通过行政、法律、经济和现代化技术等手段，调整洪水威胁地区的开发利用方式，加强防洪管理，以适应洪水的天然特性，减轻洪灾损失，节省防洪基建投资和工程维修管理费用。

非工程防洪措施以美国的研究和实施较为完善，其他国家多借鉴美国经验，结合本国国情而因地制宜。尽管各国对非工程防洪措施的分类不尽相同，但基本内容大致相同，主要包括以下方面。

(1) 科学区划与管理洪泛区。通过政府所颁布的法令、条例和行政行为，对洪泛区进行科学的区划与管理。一方面对于洪泛区土地利用的不合理状况进行限制或调整，如通过提高税率，限制对洪泛区土地的不合理开发利用；对洪泛区土地未来的利用进行统一规划，合理开发，不得无限侵占。另一方面，严格控制洪泛区人口的自然增长速率，鼓励人口外流，限制内迁，对各种外迁行为或减少洪灾损失的举措，国家给予贷款扶助，或减免税收甚至给予经济补助。在洪泛区有计划地修建避水楼台，或适当抬高区内某些部位的地面高程，把居屋和建筑物建在填土台上，使其基础高于设计洪水位，或在居屋和建筑物外围再建围堤，以确保泛洪时人畜和主要财产的安全。

(2) 建立洪水信息和预报、警报系统。洪水信息的收集和准确、快速传递，对于各级防洪部门防汛调度决策及居民与财产转移赢得时间。在洪水到达之前，利用卫星、雷达和电子计算机，把遥测收集到的水文气象数据，通过无线电通信系统传输，并进行综合处理，准确作出洪峰水位、流量、流速、到达时间等洪水特征值的预报，密切配合防洪工程的运用，进行洪水调度，及时对洪泛区发出警报，组织人员、财物疏散与撤离。

世界上发达国家早在20世纪70年代前后就已普遍建立了洪水情报与防洪调度自动化系统。在我国，这方面工作起步于河南“75.8”大水后，到1988年初全国已建30多个小流域自动测报系统。目前，国内大江大河和许多大型水库已经或正在建设自动测报系统。

(3) 试行洪水保险和防洪基金。洪水保险与其他自然灾害保险一样，具有社会互助救济性质。对洪灾引起的经济损失，采取由社会或集体共同赔偿的措施，目的在于使国家、集体、个人之间合理分担洪灾损失。通过在洪泛区征收保险费，以限制或调整洪泛区的土地开发利用方式，减少洪灾损失及其对社会的不利影响；在灾年又可快速获取赔偿金，以贴补国家救灾经费的不足，增加灾区灾后恢复生产、重建家园的能力。

针对我国的国情和江河的防洪形势，在确保各类分蓄洪区居民生命财产安全的前提下，农业土地遭遇10～20年一遇或更稀遇的洪水淹没损失，即相当于90%～95%或更高的防洪安全保证率，一般是可以承受的，这完全可通过采取洪水保险和社会救济等措施，予以合理补偿。

长期以来，我国的防洪建设与抗洪救灾主要靠国家投入，资金严重不足。因此，按照“谁受益，谁出资；多受益，多出资”的经济原则，面向社会，多渠道、多层次、多方式筹措防洪保险基金，缓和防洪建设中的资金矛盾势在必行。

(4) 普“水”教育和依法防洪。提高广大民众的水患意识关键在于宣传教育。普“水”教育要从娃娃抓起，防洪减灾知识应纳入中小学生的课本；对全社会，要充分利用广播电影电视、报刊杂志书籍、公益广告宣传、网络信息等媒体，使广大民众都能知晓有关水利知识、政令法规，以及水情灾情信息，使他们能主动配合有关部门和专业人员落实各项措施，积极参与防洪减灾行动。

与水患做斗争必须有法可依。目前，我国已颁布的《中华人民共和国水法》《中华人民共和国防洪法》《中华人民共和国河道堤防管理条例》等法规，是防洪治水的重要法律依据。

防汛抢险是人同洪水进行斗争的一项社会性活动。在我国，“任何单位和个人都有保护防洪工程设施和依法防汛抗洪的义务”。在我国江河防汛工作中，当前迫切需要组建以高科技武装的防汛抢险专业队伍，以提高抗洪斗争中勘测、通信、查险、除险和抢险的现代化水平，逐步取代目前的人海战术。

综上所述，工程和非工程措施相结合的防洪减灾对策，是并行不悖、相辅相成的。这两类措施的区别在于：工程防洪措施主要用于直接控制洪水，改变洪水的自然特性来达到防洪减灾的目的；而非工程防洪措施，则不直接控制洪水，而主要着眼于洪泛区未来的安全和合理使用，以及在洪灾发生时尽量减轻其损失，或者说是设法通过各种非工程手段间接地防洪减灾，因而这主要属于规划管理方面的问题。

在未来的防洪减灾工作中，在重视防洪工程建设的同时，要大力增加防洪非工程建设的投入与实施力度，逐步将过去的以工程措施为主的防洪建设思想，转变到防洪工程建设与非工程建设同举并重、科学配置和联合运作方向上来，以形成完善的防洪减灾工作体系。

模块7.3.2 防洪减灾规划

防洪减灾规划属江河流域总体规划的一个组成部分，是针对某一流域或地区的洪水灾害而制订的综合防治方案。

其目的是，全面提高江河流域或地区抗御洪水的能力，保障人民生命财产安全，创造稳定安宁的生产、生活环境和良好的生态环境，促进社会经济可持续发展。

其任务是，根据流域或地区的社会经济发展需要，并结合其自然地理条件、洪水洪灾特性，依照相关法规、文件规定，提出包括工程措施和非工程措施相结合的整体防汛方案及其建设程序，作为安排水利建设计划，进行工程设计和从事防洪管理、防汛调度等各项水事活动的基本依据。

1. 防洪减灾规划的基本原则

根据我国的社会经济发展情况和江河洪水特点，制订防洪减灾规划的基本原则，具体体现在正确处理好以下几方面的关系。

（1）人与洪水的关系。人与洪水要协调共处、长期共存。防洪建设应力争把水灾损失降至最低。但随着人口的增加和社会经济的发展，人类在控制洪水时不可有不切实际的过高要求。人类必须适应洪水，在控制洪水时要注意条件与可能，必要时应主动让地于水，为洪水提供足够的蓄泄空间，这样才能保全自身的安全与发展。

（2）局部与整体、一般与重点的关系。防洪减灾规划应服从流域综合治理开发规划，协调好局部与整体、一般与重点的关系。防洪规划拟定的防洪目标、防洪标准、防洪工程布局等，均需与流域内社会经济发展规划、国土规划、土地利用规划及流域综合治理开发规划相协调，防洪与兴利相结合，制订正确的防洪方针。

防洪规划应根据洪水与洪灾特点和防洪保护区社会经济的重要性，对上中下游、干支流作出全面规划，制定相应的防洪标准，做到确保重点、兼顾一般、标本兼治、上中下游协调。

（3）防洪建设与生态环境的关系。防洪建设应注意改善生态环境。防洪规划要坚持“拦、蓄、分、泄”兼筹的原则。山丘区一般以“拦、蓄”为主，积极开展水土保持工作，封山育林；对过度垦殖的土地有步骤地退耕还林、退牧还草，加快林草植被恢复建设；采取综合措施防治水土流失，恢复与改善已遭破坏的生态环境，以便有效地减少江河、湖泊、水库的泥沙淤积；有计划地建设好干支流洪水控制工程，拦蓄洪水，削减洪峰。平原地区一般以“泄”为主，修筑高质量、高标准的堤防，清淤除障，整治河道，提高河槽的泄洪能力，并辅以分蓄洪措施，合理安排超额洪水的出路，有计划、有步骤地平垸行洪，退田还湖。分蓄洪区安全建设要与移民建镇相结合，做到防洪建设尽可能地为全社会创造有利的环境和条件。

（4）近期与远景的关系。对于大江大河，在财力和技术受限的情况下，可分轻重缓急，拟定合理的防洪标准和可行的防洪建设方案，选定近期与远景的防洪目标，有计划地实施相应的防洪建设项目，并通过对其投入与产出、经济效益与生态环境效益的分析，重点解决近期最迫切的问题。

2. 防洪减灾规划的编制方法与步骤

防洪减灾规划应在研究领域水文气象与洪水特性、历史洪灾及成因的基础上，分析干、支流现有的防洪能力，拟定防洪对象的防洪标准，研究“拦、蓄、分、泄”的关系，选定整体防洪方案，并阐明工程效益。

编制步骤如下。

（1）研究规划地域基本情况及防洪形势。

（2）确定规划指导思想与减灾目标。

（3）选择防洪标准。

（4）拟定防洪体系及总体布局。

（5）实施意见及效果评价。

思　考　题

7-1　山区河流和平原河流的基本特点是什么？

7-2　什么是河道演变？其基本原理是什么？

7-3　治河的目的和措施主要有哪些？

7-4　试述河道整治建筑物的分类。

7-5　防洪的工程措施有哪些？

7-6　防洪的非工程措施有哪些？

附录　水利水电工程管理条例

水利电力部水电水管字〔1983〕3号

第一章　总　　则

第一条　水利、水电工程是综合利用水资源发展国发经济的重要手段，是保障经济建设和人民生命财产安全的重要设施，是国家和人民的宝贵财富。为加强水利、水电工程管理，充分发挥工程效益，特制定本条例。

第二条　本条例适用于各级水利电力部门管辖的各类水利、水电工程。

第三条　本条例所称水利、水电工程系指：

（一）防洪、防潮工程；

（二）农田灌溉工程；

（三）水力发电工程；

（四）排水、防渍、治碱工程；

（五）为城市、工业输水及其他水利、水电工程设施。

第四条　国家投资修建的水利、水电工程，属全民所有，由国家管理，有的也可委托集体代管。

民办公助或社、队自筹资金修建的水利、水电工程，属社、队集体所有，由集体管理，有的也可根据需要由国家管理。

第五条　水利、水电工程管理单位的基本任务是确保工程安全，充分发挥工程效益，积极开展综合经营，不断提高科学管理水平，为工农业生产和城乡人民生活服务，促进社会主义经济发展。

第六条　各级水利电力主管机关及水利、水电工程管理单位应按照水利电力部颁发的有关工程管理的规章制度，切实加强工程管理，建立技术档案，制定有关技术管理办法或实施细则，努力提高科学管理水平。与其他部门有关的业务管理还应参照有关部门的技术规程执行。

各级水利电力主管机关及水利、水电工程管理单位应有计划地培养工程管理人才，加强职工的技术培训。

第二章　水利水电工程的保护

第七条　各类水利、水电工程应根据管理的需要，结合自然地理条件、历史情况和社会经济的具体情况划定保护范围。

保护范围分为建筑物管理范围、水库管理范围、护堤地、护渠地四种：

（一）挡水、泄水、引水建筑物，电站厂房及灌排工程等周围，划定建筑物管理范围；

（二）水库周围移民线或土地征购线以下，划定水库管理范围；

（三）河道堤防两侧划定护堤地；

（四）灌排渠道及渠堤两侧划定护渠地。

保护范围由水利、水电工程管理单位与本工程有关的部门协商后报请工程所在的地方人民政府划定，并明确边界，树立标志，发给证明。关系重大的工程由上级主管机关与有关人民政府商定。

第八条　管理范围以内的土地及土地上附着物，属国家管理的工程，其所有权属全民所有，使用权属水利、水电工程管理单位；集体管理的工程，其所有权属集体，使用权属水利、水电工程管理单位。其他单位或个人均不得侵占，已占用的，应当归还。

已由水利、水电工程管理单位接管的工程，管理范围以内的土地需要变更所有权时，由工程管理单位提出申请，按有关规定办理土地转移手续。

护堤地和护渠地的土地及土地上附着物的所有权及使用权一般按现状不变，需要划归全民所有的，按前款办理。

第九条　为保护水利、水电工程及其附属设施和设备，禁止下列活动：

（一）损毁堤坝、电站、渠道、水闸等水利、水电工程建筑物及其观测、水文、通讯、输变电、交通等附属设施；

（二）在堤坝、渠道上垦殖、铲草及滥伐防护林木；

（三）设置有害堤坝安全的建筑物；

（四）盗用、挪用水利、水电物资、器材、设备；

（五）在水域炸鱼、毒鱼和滥用电力捕鱼；

（六）在坝顶、堤顶、水闸交通桥行驶履带拖拉机、硬轮车和超重车辆，在没有路面的坝顶、堤顶雨后行车；

（七）在工程管理单位的通讯、报汛线路上挂广播线；

（八）在保护范围内爆破、打井、埋坟、采石、取土、挖砂、建筑、滥伐林木以及其他危及工程安全的活动。

第十条　为维护水利、水电工程效能，禁止下列活动：

（一）在行洪、排水、输水河道和渠道内修建影响行水的建筑物和设施；

（二）在河滩、湖泊、蓄洪区、行洪区、水库库区及江河入海口附近海滩任意围垦；

（三）在河道中修建碍航及有危害的导流、挑流等工程；

（四）在危及工程安全的河滩、河岸开采砂石、土料；

（五）在河道滩地、渠道、行洪区、分洪道种植高秆植物；

（六）在水库、河道、渠道、湖泊等水域及滩地倾倒垃圾、废渣、尾矿矿渣，堆置杂物。

第十一条　确有必要在水利、水电工程保护范围内进行建设等活动，应征得水利电力主管机关的同意，如属通航放木的河道还须征得航运、林业主管机关的同意，并按规定程序批准。

水利、水电工程保护范围内阻水的建筑物、植物、垃圾、废渣、尾矿矿渣、杂物及其他设施，由设障单位负责清除、改建、限期恢复工程原有效能。按规定批准修建的建筑物及设施，产生阻水现象的，应由有关方面协商处理。

第十二条　水利、水电工程管理单位应按照环境保护和森林保护等有关法规，配合有关部门，保护环境，防止水污染。

第十三条　水利、水电工程管理单位可根据工程的规模及重要程度，由本单位组织民兵守卫。其要害部位或重要目标，按有关规定报经批准，建立经济民警或派驻人民解放军守卫。

对治安情况复杂的重点水利、水电工程，经省、自治区、直辖市人民政府批准，设置公安派出所。

第三章　水利水电工程的综合利用

第十四条　水利、水电工程应根据设计规定的原则并结合实际情况进行调度动用：

（一）综合利用的水利、水电工程，应按设计规定，合理运用，发挥工程的综合效益；

（二）工程的防洪与排涝，应本着小利服从大利，局部服从整体，统筹兼顾，正确处理上下游、左右岸的关系，做到全面安排、合理运用；

（三）大中型水库、水电站、河道堤防、水闸以及关系城镇、铁路、公路和工矿安全的小型水库，每年都应编制年度或分阶段的调度运用计划，由水利、水电工程管理单位报主管机关批准后执行；

（四）江河堤防，应做好维修养护及洪水的调度运用，在规定的抗洪标准内，应保证行洪安全；

（五）并入电网的水电站，在综合利用原则下，根据调度运用计划，参加电力电量平衡，并应服从电网的统一调度；

（六）沿海以及江湖的闸坝，在鱼、蟹苗旺发时期，应尽可能适时开闸向江河和湖泊纳苗，以保护增殖水产资源；

（七）航运及放木河道，工程管理单位应尽可能为航运及放木提供便利条件，航运及放木部门应爱护工程，防止损毁工程设施；

（八）当遇特枯年份，工程兴利水位不能满足要求，但由于特殊需要，必须继续运用时，应保证建筑物及机械设备的安全，并考虑重点用水单位的最低需要，以及渔业生产和环境、旅游等最低要求。

第十五条　有防洪任务的水利、水电工程，汛期应在当地人民政府领导下，建立防汛指挥机构或防汛组织，汛期的调度应根据批准的调度运用计划进行，服从上级防汛指挥机构的统一指挥。任何单位和个人不得擅自改变已批准的计划，强行调度。

第十六条　当发生超标准洪水或意外事故，危及工程安全，且与上级失去联系时，工程所在地的防汛指挥机关可按上级主管机关批准的方案，采取非常措施，保护堤坝安全，并通过一切可能途径向下游紧急报警，通知将受灾地区群众转移。

第十七条　边界水利、水电工程的管理：

（一）位于行政区域边界上的水利、水电工程的管理，应严格按照统一的水利、水电规划及有关方面共同商定的协议和有关决议执行；

（二）在平原边界河道上，未经统一规划和双方协议，上游不准扩大排水或加大引水，下游不准设障阻水或缩小河道的排水能力；

（三）边界河道上修堤筑坝，凡涉及变更防洪、排涝标准，影响河势变化或改变流域界线，均应统一规划，按规定程序批准后方得实施；

（四）未经统一规划和双方协议，在边界上修建了引起纠纷的水利、水电工程，应在上一级主管机关的主持下重新审查，按规定程序批准，分别情况，采取拆除、改建或其他必要的措施；

（五）执行协议过程中发生异议，应团结互让、主动协商，必要时可报上一级主管机关仲裁，任何一方不得擅自变更协议。

第十八条　水利、水电主管机关应加强供水管理：

（一）有关用水单位应编制用水计划，向水利、水电工程管理单位提出用水申请。工程管理单位根据工程设计，水源情况，参照气象、水文预报，本着保证重点兼顾全面的原则，对各单位用水计划进行综合平衡后报主管机关批准，按平衡后的计划配水。

（二）农业灌溉实行计划用水，合理调配水量，要努力提高灌溉水的利用系数，并改进灌水方法，提高灌溉质量。

（三）城市、工矿企业用水，应与工程管理单位签订合同。计划内用水，工程管理单位要按合同供应。因自然原因水源不足时，可酌减供水量。引水口应由工程管理单位控制并安装量水设施。

工业用水单位要制订生产用水定额、主要耗水设备安装计量水表，建立健全用水单耗考核制度。

（四）对未提出用水计划和用水申请的单位不予供水，对超计划用水，违反合同或严重浪费水的单位，工程管理单位有权限量供应，加价收费，直至停止供水。

（五）不经原批准机关同意，任何单位或个人，不得任意改变计划，不准干预或阻挠管理人员履行职责，不得拦截或抢占水源，不得擅自开挖引水口门，扩大引水量，破坏用水秩序。

第四章　经　营　管　理

第十九条　水利、水电工程管理单位有的属事业性质，有的属企业性质。必须加强经营管理，推行经济核算，提高经济效果。

第二十条　主管机关应根据工程特点每年向水利、水电工程管理单位下达年度任务指标。工程管理单位根据下达的任务指标，编制年度计划，报主管机关批准后执行。

第二十一条　工程管理单位应加强对水资源的经营管理，充分发挥工程设施的经济效益，增加收入，并可开展其他综合经营，为国家创造财富，并逐步改善管理单位的职工生活。

第二十二条　水利、水电工程（供水、供电）管理单位应向有关用水单位收水费，向有关用电单位收电费。

（一）水费收费标准应以成本为依据，本着适当积累、以丰补欠的原则制定。农业、工业、城市生活用水的水费标准，应有所区别。

电费应按电度和国家规定的电价计收。

（二）有关用水、用电单位应按规定收费办法按时向水利、水电工程（供水、供电）管理单位交付水费、电费。逾期不交，收费单位可收取滞纳金；催交无效，可停止供水、供电。任何单位和个人不得任意豁免水费、电费。

（三）农业用水应收现金，有习惯收交水利粮的地区，也可以收取一部分粮食。水费应由工程管理单位收取，也可商请当地有关部门或委托农业银行代收。

（四）集体管理的小型工程设施收费问题由社队自行规定。

第二十三条　开展综合经营事业，应由工程管理单位统一规划。可由工程管理单位自营，也可以与有关单位签订经济合同，进行协作或联合经营，应注意有关社队利益，搞好团结和生产。

第二十四条　水利、水电工程管理单位在贯彻执行国家政策法令和完成国家计划的前提下，有经营的自主权，任何单位和个人不得任意向工程管理单位抽调人员和资金，摊派不合理费用，无偿索取或平调各种物资、设备和产品。

（一）水利工程管理单位的经营管理。

（1）可根据水费和综合经营收入情况，由主管机关与财政部门协商，实行财务包干、结余留用的办法。按规定留用的包干结余，应建立生产发展基金、集体福利基金、职工奖励基金，由水利工程管理单位支配，不得挪用到水利以外的项目。按规定应上交国家财政和资金，应及时上交。社队修建的小水电，收入归集体所有。

（2）在国家计划指导下，水利工程管理单位有生产计划、资金支配、物资采购、产品销售和择优招工等方面的自主权。

（二）水电工程管理单位的经营管理，按电力主管机关有关企业管理的规定执行。

第五章　组　织　体　制

第二十五条　水利电力部及其在主要江河设置的流域机构，在各大区设置的电业管理局和各级人民政府水利（水电）厅、局，各省、自治区电力局是水利水电工程管理的主管机关，分级负责管理全国水利、水电工程。

第二十六条　国界河流及其水利、水电工程的管理另定。

第二十七条　管理机构与其职责。

（一）国家和集体修建的水利、水电工程，都须设置管理机构或指定专人管理，不准存在无人管理的现象。

（二）国家管理的水利、水电工程，工程属哪一级管理由哪一级负责建立管理机构。集体管理的工程社、队设管理机构或专管人员。

省、自治区、直辖市人民政府根据需要可在境内水系设置水利工程管理机构，在省、自治区、直辖市人民政府领导下管理水系内的水利工程。

（三）国家管理的水利工程的管理机构和人员制，由主管机关按照原水利部颁发的《水利工程管理单位编制定员试行标准》提出定编方案，按分级管理体制报经批准后执行。

（四）在工程建设过程中，主管机关应根据批准的定编方案，筹建管理机构，配备管理人员。

（五）各类工程管理机构的具体职责，由水利电力部颁发有关工程管理通则或管理办法确定。

（六）水利工程管理单位可根据需要，组织受益地区的群众和受益单位参加的管理委员会，实行民主管理。

第二十八条　灌区、河道堤防的群众性管理组织所需管理养护人员由受益社、队分担，实行管理责任制。

第二十九条　水利、水电工程管理单位所需劳动指标、物资设备、劳保用品、交通车辆等，应由主管机关与有关部门协商纳入各级计划，按分级管理体制，统筹解决。

国家的水利、水电工程管理单位的职工和临时工应享受国家规定的有关保险和福利待遇。

第六章　附　　则

第三十条　水利、水电工程的设计和施工必须为管理工作创造必要的条件，工程竣工后，经验收合格，方能移交管理；未按设计完成，留有尾工，或有重大缺陷，水利、水电工程管理单位有权拒绝接管，建设单位须负责彻底完成。

现有水利、水电工程，凡对航运、发电、水产、放木或其他方面产生不利影响的，应由原建设单位会同有关部门认真研究提出补救或改进措施。

第三十一条　凡违反本条例第九条、第十条、第十一条、第十五条、第十七条及第十八条规定的，有关主管机关应给予批评教育或行政处分，造成损失的，并应视情况责令赔偿。情节严重的由司法机关依法惩处。

第三十二条　各省、自治区、直辖市人民政府水利、水电主管机关可参照本条例制订具体实施办法，按规定程序批准后贯彻施行。

第三十三条　本条例自发布之日起施行。

参 考 文 献

[1] 杨艳，潘永胆. 水工建筑物 [M]. 北京：中国水利水电出版社，2017.
[2] 汤能见，吴伟民. 水工建筑物 [M]. 北京：中国水利水电出版社，2005.
[3] 中华人民共和国行业标准. 混凝土重力坝设计规范：SL 319—2005 [S]. 北京：中国水利水电出版社，2005.
[4] 中华人民共和国行业标准. 浆砌石坝设计规范：SL 25—2006 [S]. 北京：中国水利水电出版社，2006.
[5] 中华人民共和国行业标准. 混凝土拱坝设计规范：SL 282—2003 [S]. 北京：中国水利水电出版社，2003.
[6] 中华人民共和国行业标准. 水利水电工程土工合成材料应用技术规范：SL/T 225—98 [S]. 北京：中国水利水电出版社，1998.
[7] 中华人民共和国行业标准. 碾压式土石坝设计规范：SL 274—2001 [S]. 北京：中国水利水电出版社，2002.
[8] 中华人民共和国行业标准. 水工建筑物抗冰冻设计规范：SL 211—97 [S]. 北京：中国水利水电出版社，1998.
[9] 中华人民共和国行业标准. 混凝土面板堆石坝设计规范：SL 228—98 [S]. 北京：中国水利水电出版社，2002.
[10] 中华人民共和国行业标准. 溢洪道设计规范：SL 253—2000 [S]. 北京：中国水利水电出版社，2000.
[11] 中华人民共和国行业标准. 水闸设计规范：SL 265—2001 [S]. 北京：中国水利水电出版社，2001.
[12] 中华人民共和国行业标准. 水工隧洞设计规范：SL 279—2002 [S]. 北京：中国水利水电出版社，2003.
[13] 水利电力部水利水电规划设计总院. 中国拱坝 [M]. 北京：水利电力出版社，1987.
[14] 李瓒，等. 混凝土拱坝设计 [M]. 北京：中国电力出版社，2000.
[15] 王世夏. 水工设计的理论和方法 [M]. 北京：中国水利水电出版社，2000.
[16] 祁庆和. 水工建筑物 [M]. 北京：中国水利水电出版社，1998.
[17] 胡荣辉，张五禄. 水工建筑物 [M]. 北京：中国水利水电出版社，1999.
[18] 郭宗闵. 水工建筑物 [M]. 北京：中国水利水电出版社，1998.
[19] 黎展眉. 拱坝 [M]. 北京：水利电力出版社，1982.
[20] 王毓泰，等. 拱坝坝肩岩体稳定分析 [M]. 贵阳：贵州人民出版社，1982.
[21] 王宏硕，翁情达. 水工建筑物（基本部分）[M]. 北京：水利电力出版社，1991.
[22] 吴媚玲. 水工建筑物 [M]. 北京：清华大学出版社，1991.
[23] 张世儒，夏维城. 水闸 [M]. 北京：水利电力出版社，1979.
[24] 谈松曦. 水闸设计 [M]. 北京：水利电力出版社，1986.
[25] 沈长松，王世夏，林益才，等. 水工建筑物 [M]. 北京：中国水利水电出版社，2008.
[26] 白继中，田利萍，张保同. 水工建筑物 [M]. 郑州：黄河水利出版社，2010.
[27] 中华人民共和国行业标准. 水工建筑物荷载设计规范：DL 5077—1997 [S]. 北京：中国电力出版社，1998.

［28］ 中华人民共和国行业标准. 水利水电工程等级划分及洪水标准：SL 252—2000［S］. 北京：中国水利水电出版社，2000.
［29］ 中华人民共和国行业标准. 水工建筑物抗震设计规范：DL 5073—2000［S］. 北京：中国电力出版社，2001.
［30］ 王长运，叶舟. 水利水电工程概论［M］. 郑州：黄河水利出版社，2009.